Arnold Kludas

Die großen Passagierschiffe der Welt

Der Veteran *Achille Lauro*. (Foto: L. W. C. Lamers)

Arnold Kludas

Die großen Passagierschiffe der Welt

Unter Mitarbeit von
Eckhard Biermann

Koehlers Verlagsgesellschaft mbH · Herford

Quellen- und Literaturverzeichnis

Die Daten und Fakten für die Schiffsbiographien wurden folgenden Periodika und Zeitschriften entnommen:

De Blauwe Wimpel, Hilversum
Fairplay, London
Ferry & RoRo Guide, Halmstad
Hansa, Hamburg
Latest News from Mediterranean, Pianezza
Lloyd's List, London
Lloyd's Shipping Index, London
Lloyd's Register of Ships, London
Marine News, Kendal
The Motor Ship, London
Ocean Cruise News, Stamford, Conn.
Schiff und Hafen, Hamburg
Schiffahrt international, Herford
Sea Breezes, Liverpool
Ships monthly, Burton-on-Trent
Ships of the World, Tokio
Steamboat Bill, New York
Täglicher Hafenbericht, Hamburg

Weiter wurden Informationen, Pressemitteilungen und Prospekte der Reedereien und Werften sowie Tageszeitungen ausgewertet.

Schutzumschlag-Fotos:
Das Foto auf der Vorderseite des Schutzumschlags zeigt den Carnival Cruise-Liner *Festivale* (siehe auch im Inhalt Seite 42). Die Abbildung auf der Rückseite zeigt den Royal Caribbean Cruise-Liner *Stardancer*, der inzwischen unter dem Namen *Viking Serenade* läuft, 1987 vor Vancouver (siehe auch im Inhalt Seite 109).

Beide Fotos stammen aus der Sammlung Steffen Weirauch.

Die Deutsche Bibliothek – CIP-Einheitsaufnahme

Arnold Kludas
Die großen Passagierschiffe der Welt
Mitarb. Eckhard Biermann.– 3., Neuausg.
Herford: Koehler, 1991
ISBN 3-7822-0508-1
NE: Kludas, Arnold

ISBN 3 7822 0508 1; Warengruppe 41

Schutzumschlag- und Einbandgestaltung:
Regina Meinecke, Hamburg, unter Verwendung der zwei oben genannten Fotos
Produktion: Heinz Kameier
Gesamtherstellung: Hans Kock Buch- und Offsetdruck GmbH, Bielefeld
Printed in Germany

Inhaltsverzeichnis

Die *Sovereign of the Seas*. (Foto: Hans Jürgen Amberg)

Vorwort

Mit der vorliegenden Ausgabe wird das 1972 bis 1976 in zwei Auflagen erschienene internationale Standardwerk »Die großen Passagierschiffe der Welt« zum dritten Male ergänzt und auf den neuesten Stand gebracht. Nach der 1. Neuausgabe von 1983 und der inzwischen ebenfalls vergriffenen 2. Neuausgabe von 1987 liegt damit dieser bewährte Gesamtüberblick über alle großen Passagierschiffe, Fähren und Cruise Liner der Gegenwart in einer 3. Neuausgabe vor. Ich danke dem Verlag, daß er diese Neuausgabe trotz des erweiterten Umfangs in sein Programm nahm und sogar einen Farbteil ermöglichte.
Der schon erwähnte größere Umfang dieser Ausgabe macht deutlich, daß die Kreuzfahrt- und Fährschiffsreedereien immer noch expandieren und daß sich dabei die Flotten nicht nur von der Schiffszahl her vergrößern. Der Trend zu immer größeren Neubauten hält weiter an, und die Notwendigkeit, die gewaltigen Investitionen für diese zusätzlichen Kapazitäten durch das Anwerben immer neuer Fahrgäste zu amortisieren, führt zu einer neuen Ära der Innenarchitektur auf Schiffen. Um diese kennenzulernen, braucht man heute keine lange und teure Kreuzfahrt mehr zu buchen; eine Überfahrt auf der Fährroute Stockholm–Helsinki z.B. genügt, um das Kreativitätsspektrum moderner Schiffseinrichter in Augenschein nehmen zu können.
Erstaunlich findet der Beobachter immer wieder die Tatsache, daß der Markt der Kreuzfahrten und Fährschiffreisen alle diese neuen Angebote aufnehmen kann. Immerhin sind seit 1987 über 70 neue große Passagierschiffe zur Weltflotte hinzugekommen, denen kaum Abgänge älterer Einheiten gegenüberstanden. Andererseits haben aber Ereignisse der jüngsten Vergangenheit gezeigt, daß der heilen Welt der Luxusreisen durchaus Gefahren drohen können. So haben der Golfkrieg und die Unabhängigkeitsbestrebungen der baltischen Republiken Fahrplan- und Routenänderungen nötig gemacht, die bei einer längeren Dauer solcher Konflikte durchaus zu wirtschaftlichen Konsequenzen für die betroffenen Unternehmen führen können.
Auch diese Neuausgabe wäre ohne Hilfe von vielen Seiten nicht möglich gewesen. An erster Stelle ist dabei Herrn Eckhard Biermann für seine wertvolle und wichtige Mitarbeit zu danken, ohne die dieses Buch zumindest zu diesem Zeitpunkt nicht hätte erscheinen können. Als meine Zeit in den letzten Jahren durch andere Bücher voll in Anspruch genommen war und für dieses Werk lediglich das Sammeln von Daten weiterlief, erbot sich Eckhard Biermann, die gesamte Ausgabe von 1987 in den Computer einzugeben und die gesammelten Ergänzungsdaten auszuwerten.
Sehr dankbar bin ich Herrn Frank Heine für seine zahllosen Anregungen und Hinweise sowie für seine Durchsicht des Manuskripts.
Einen besonderen Dank verdienen wieder die Fotografen und Bildgeber, ohne deren Bilder der Band gar nicht denkbar wäre. Ich habe — wie gewohnt — die Urheber und Leihgeber direkt bei ihren Bildern genannt. Hervorheben möchte ich aber doch die engagierte Hilfsbereitschaft folgender Herren: Klaus Bombel aus Hamburg, Dr. Achim Borchert aus Hamburg, Klas Brogren aus Halmstad, K. Brzoza aus Turku, Yoshitatsu Fukawa aus Yokohama, Frank Heine aus Hannover, Dirk Jankowsky aus Sereetz, L.W.C. Lamers aus Leiderdorp, William H. Miller aus New Jersey, Antonio Scrimali aus Pianezza, Peter Voß aus Bremerhaven und Steffen Weirauch aus Langenhagen.

Grünendeich, im Mai 1991 *Arnold Kludas*

Erläuterungen und Hinweise **Redaktionsschluß: April 1991**

Dieses Buch ist ein illustriertes Register aller heute existierenden Passagier-, Kreuzfahrt- und Fährschiffe der Welt mit einem Raumgehalt ab 10 000 BRT/BRZ. Aufgenommen wurden auch jene Passagierschiffe, die heute als Schulschiff, Museum oder Hotel dienen, sowie die unter 10 000 BRT/BRZ großen Schiffe, deren Tonnage irgendwann einmal über dieser Grenze lag. Trotz sorgfältiger Arbeit können Irrtümer oder Druckfehler nicht ausgeschlossen werden, wofür um Verständnis und gegebenfalls um Entschuldigung gebeten wird.
Speziell möchte ich hier den Komplex der RoRo-Frachtfähren mit beschränkter Passagiereinrichtung ansprechen. Während diese Passagierplätze früher ausschließlich für die LKW-Fahrer bestimmt waren und diese Schiffe sicherheitstechnisch nicht als Passagierschiffe galten, haben die Frachtfähren heute entsprechende Sicherheitseinrichtungen und nehmen zahlende Fahrgäste mit. In die nächste Ausgabe werden alle diese Schiffe mit aufgenommen werden, in diesem Band gibt es hier leider noch keine Vollständigkeit.

Im **Anhang 1** werden die Lebensläufe solcher Schiffe ergänzt, die heute als Frachter oder als Marineschiffe fahren.

Der **Anhang 2** informiert über das Endschicksal aller seit 1987 abgewrackten oder durch Unfall vernichteten Schiffe.

Die **Reihenfolge** der Schiffe ist chronologisch, jedoch wurden im Gegensatz zu den letzten Ausgaben Schwesterschiffe unmittelbar hinter dem Typschiff eingeordnet. Dies hat sich aus mehreren Gründen als sinnvoll erwiesen.

Bei den **Schiffsbiografien** ist zu beachten, daß die im Block der **technischen Daten** angegebenen Zahlen und Fakten stets die bei der ersten Indienststellung als Passagierschiff gültigen sind! Eventuelle Änderungen, die den **gegenwärtigen Stand** darstellen, sind in der Biografie beim Zeitpunkt der Änderung vermerkt. Wenn kein **Endschicksal** angegeben ist, war das Schiff bei Redaktionsschluß (März 1991) noch in Fahrt.

Der in den Biografien hinter der Reedereibezeichnung angegebene **Heimathafen** ist keineswegs immer der Sitz dieser Reederei. Dieser ist im **Anhang 3** angegeben.

Bei der **Reedereibezeichnung** handelt es sich durchweg um die Gesellschaft, die das Schiff betreibt und deren Reedereifarben es führt. Aus rechtlichen Gründen sind für viele Schiffe andere Firmen als Eigentümer registriert, die in den Schiffsbiografien auch genannt werden.

Die **technischen Daten** stammen durchweg aus Lloyd's Register of Ships, zur Ergänzung wurden Angaben aus Fachzeitschriften und Reedereiinformationen herangezogen.

Ein Wort hier zu den Umrechnungen von PS auf kW: In Schiffsregistern hat man die kW-Zahl oft dadurch ermittelt, daß man die üblicherweise abgerundeten PS-Zahlen mit dem Umrechnungsfaktor multiplizierte. Die so entstandenen Zahlen machen zwar einen sehr genauen Eindruck, aber: Eine gerundete Zahl wird auch durch Multiplikation mit einer genauen Zahl — trotz dann möglicherweise mehrerer Stellen hinter dem Komma — kein exakter Wert.

Zur **BRZ-Vermessung**: Die Tonnagezahlen wurden als BRT oder BRZ gekennzeichnet. Leider ist über die Bruttoraumzahl (BRZ) in Deutschland viel Oberflächliches und Unsinniges veröffentlicht worden, übrigens gerade auch von offiziellen Stellen. Entsprechend groß ist die Verwirrung, die ja eigentlich durch die London-Regeln von 1969, die seit 1982 in Kraft sind und die 1995 weltweit verbindlich werden, beseitigt werden sollte. In Deutschland will man glauben machen, daß es sich bei der BRZ um eine völlig neue Maßeinheit handelt. In Wirklichkeit handelt es sich aber eher um eine neue Meßmethode, die zwar strenger und korrekter ist, mit der aber nach wie vor ermittelt wird, wieviele Registertonnen à 2,82 m³ in das Volumen des Schiffes hineinpassen. Unterschiedliche Meßmethoden aber gab es — und gibt es bis 1995 — viele, und sie alle sind mit BRT bezeichnet. Diese Bezeichnung hätte man also sinnvollerweise auch für das Ergebnis der neuen Meßmethode beibehalten sollen, wie man es im Englischen, der internationalen Schiffahrtssprache, auch getan hat; hier bleibt es bei den gewohnten tons gross, die zur Gross Tonnage (GT) addiert werden. Im übrigen zeigt ein kritischer Blick ins Schiffsregister, daß Neubauten nach wie vor überwiegend mit BRT vermessen und eingetragen werden und daß man offenbar auch die Tonnage eines BRZ-vermessenen Schiffes ohne Umbau drastisch reduzieren kann; vergl. z.B. S. 164.

Die *Queen Mary* als schwimmendes Touristenzentrum in Long Beach. (Foto: Martin Lochte-Holtgreven)

Das letzte noch existierende große Passagierschiff mit Dampferheck und klassischem Vorsteven ist die *Hikawa Maru*. (Foto: Y. Fukawa)

MS *Hikawa Maru*

Schwimmende Jugendherberge in Yokohama

Erbaut für die Nippon Yusen KK, Tokio

Bauwerft: Yokohama Dock Co, Yokohama; Baunr. 177
11 622 BRT / 10 436 tdw / 163,3 m Länge ü.a. / 20,1 m Breite / Zwei 8-Zyl. Diesel; B&W / 11 000 PSe / 2 Schrauben / 17 kn / 76 I. Klasse, 69 Touristenklasse, 186 III. Klasse

1929 30. September: Stapellauf.
1930 April: Fertigstellung.
13. Mai: Jungfernreise Kobe–Seattle. Hongkong–Seattle-Dienst.
1941 Als Lazarettschiff der japanischen Marine in Dienst.
1945 August: US-Kriegsbeute, Truppentransporte Japan–USA.
1947 An Nippon Yusen KK zurückgegeben.
1950 Nach Überholung und Modernisierung wieder im Transpazifik-Dienst eingesetzt.
1961 In Yokohama zur schwimmenden Jugendherberge eingerichtet.
Eigentümer ist die Hikawamaru Kanka KK.

Britanis siehe Farbteil Seite 97

Queen Mary

Touristenzentrum in Long Beach, Kalifornien

Erbaut für die Cunard White Star Ltd, Liverpool

Bauwerft: John Brown & Co Ltd, Clydebank; Baunr. 534
80 774 BRT / 17 000 tdw / 310,5 m Länge ü.a. / 36,0 m Breite / Sechzehn Getriebeturbinen; Brown / 200 000 PSw / 4 Schrauben / 29 kn / 776 Kabinenklasse, 784 Touristenklasse, 579 III. Klasse / Besatzung: 1 101

1930 27. Dezember: Kiellegung.
1931 10. Dezember: Bauunterbrechung wegen finanzieller Schwierigkeiten der Cunard Line.
1934 3. April: Weiterbau.
26. September: Stapellauf.
1936 15. April: Fertigstellung.
12. Mai: Ablieferung.
27. Mai: Jungfernreise Southampton–New York.
August: Die ***Queen Mary*** überquert den Atlantik auf der Strecke Bishops Rock–Ambrose mit 30,14 Knoten Durchschnittsgeschwindigkeit (in West-Ost-Richtung 30,63 Knoten) und übernimmt damit das »Blaue Band« von der ***Normandie***, die der ***Queen*** allerdings im März 1937 den Rekord für die Ost-Richtung und im Juli 1937 auch in West-Richtung wieder abnimmt. Im August 1938 durchläuft die ***Queen Mary*** die Strecke Bishops Rock–Ambrose mit 30,99 und in umgekehrter Richtung sogar mit 31,69 Knoten. Dieser Rekord bleibt bis zum Juli 1952 bestehen.

1937 81 235 BRT.

1939 September: Wegen des Krieges in New York aufgelegt.

1940 1. März: Als Truppentransporter in Dienst gestellt. Nach Sydney überführt, dort ausgerüstet.
5. Mai: Erste Reise als Truppentransporter.
1942 2. Oktober: Auf einer Reise von den USA zum Clyde wird die ***Queen Mary*** von dem britischen Flakkreuzer ***Curacoa*** eskortiert. 20 sm nordwestlich Bloody Foreland (Irland) gerät die ***Curacoa*** während eines blinden U-Boot Alarms vor den Bug der hohe Fahrt laufenden ***Queen Mary***. Der

Kreuzer wird von dem Steven des Liners in zwei Teile geschnitten und sinkt innerhalb weniger Minuten. Nur 26 Mann der 364 köpfigen Besatzung können gerettet werden.
1946 September: Aus dem Transportdienst entlassen. Überholung und Wiedereinbau der Passagiereinrichtungen bei Brown, Clydebank.
1947 31. Juli: Erste Nachkriegsreise im Passagierdienst Southampton–New York. Jetzt 81 237 BRT. Passagiere: 711 I. Klasse, 707 Kabinenklasse, 577 Touristenklasse.
1967 18. August: An die Stadt Long Beach in Kalifornien verkauft.
31. Oktober: Letzte Abfahrt von Southampton nach Long Beach.
1971 10. Mai: Nach erheblichen Umbauarbeiten im Innern des Schiffes wird die ***Queen Mary*** als Schiffahrtsmuseum, Hotel und Kongreßzentrum in Long Beach für den Publikumsverkehr freigegeben.
1988: Von der Disney Corporation übernommen.

MS ***The Victoria***

Chandris SA, Panama
ex ***Victoria*** – 1977

Erbaut als ***Dunnottar Castle***
Union-Castle Mail Steamship Co Ltd, London

Bauwerft: Harland & Wolff, Belfast; Baunr. 959
15 007 BRT / 10 129 tdw / 174,5 m Länge ü.a. / 21,8 m Breite / Zwei 9-Zyl.-Diesel; B&W-H&W / 8 235 Kw (11 200 PSe) / 2 Schrauben / 17 kn / 258 I. Klasse, 250 Touristenklasse / Besatzung: 250

1936 25. Januar: Stapellauf.
Juni: Fertigstellung.
Juli: Jungfernreise Southampton–Kapstadt. Dann im Dienst London–Rund-um-Afrika eingesetzt.
1939 14. Oktober: Indienststellung als Hilfskreuzer.
1942 Truppentransporter.
1948 Aus dem Kriegsdienst entlassen. Nach Überholung 15 054 BRT, Passagiere: 105 I. Klasse, 263 Touristenklasse.
1949 Erste Nachkriegsreise im Dienst Rund-um-Afrika.
1958 An die Incres SS Co, Monrovia, verkauft.
1959 Umbenannt ***Victoria***.
Januar: Ankunft bei Wilton Fijenoord in Rotterdam, wo das Schiff vollkommen umgebaut wird zum Cruise Liner für 600 Passagiere. Einbau neuer Fiat-Diesel mit 16 800 PSe für 18, max. 21 Knoten. 174,4 m Länge ü.a. 14 917 BRT, 6 590 tdw.
14. Dezember: Erste Kreuzfahrt nach Umbau.
1960 8. Januar: Überführungsfahrt Le Havre–New York; dann für Kreuzfahrten New York–Westindien eingesetzt.
1964 Oktober: An die Victoria SS Co, Monrovia, verkauft, eine Tochtergesellschaft der schwedischen Rederi A/B Clipper.
Weiter im gleichen Dienst eingesetzt mit Incres als Agenten.
1975 November: An die Victoria Shipping SA, Piräus, verkauft.
11. Dezember: Ankunft in Piräus im Schlepp der ***Heidi Moran***.
1976 6. Juni: Erste Mittelmeer-Kreuzfahrt.
1977 An die zur Chandris-Gruppe gehörende Phaidon Nav Co Piräus. Umbenannt in ***The Victoria***.
1978 11 886 BRT.
1981 An die Victoria Maritime Co, Piräus, (Chandris-Gruppe).
Kreuzfahrten in Europa und der Karibik.
1984 Unter Panama-Flagge für die Phaidon Navigation SA registriert und mit 14 411 BRT vermessen. 696 Passagiere.
1987 11 541 BRT.

EMS ***Romanza***

Chandris SA, Panama
ex ***Aurelia*** – 1970; ex ***Beaverbrae*** – 1954

Erbaut als ***Huascaran***
Hamburg-Amerika Linie, Hamburg

Bauwerft: Blohm & Voss, Hamburg; Baunr. 518
6 951 BRT / 8 960 tdw / 148,6 m Länge ü.a. / 18,3 m Breite / Zwei 8-Zyl.- und ein 6-Zyl.-Diesel, elektrische Kraftübertragung; MAN-B&V / 4 300 kW (5 850 PSe) / 1 Schraube / 15 kn / 32 I. Klasse / Besatzung: 58

1938 15. Dezember: Stapellauf.
1939 27. April: Ablieferung.
29. April: Erste Reise Hamburg–Genua, dann auf der Route Hamburg–Südamerika-Westküste eingesetzt.
1940 Werkstattschiff der deutschen Kriegsmarine.
1945 14. November: An die kanadische Regierung abgeliefert.
Von der Park SS Co bereedert.
1947 2. September: An die Canadian Pacific, Montreal, verkauft. In Sorel, Quebec, für die Beförderung von 775 Passagieren umgebaut. 9 034 BRT.
1948 7. Februar: Umbenannt in ***Beaverbrae***.
8. Februar: Erste Reise im Auswandererdienst St.John–Bremerhaven.
1951 St.John–Bremen-Dienst.
1954 1. November: An die Cogedar Line verkauft. Umbenannt ***Aurelia***. In Monfalcone umgebaut für 1 124 Passagiere Touristenklasse.
1955 13. Mai: Erste Reise Triest–Sydney. 10 022 BRT.
15. November: Erste Reise Genua–Sydney.
1958/59 Erneuter Umbau. Neue MAN-Diesel. 10 480 BRT.
1959 12. Juni: Erste Reise Bremerhaven–Sydney.
1964 9. Dezember: Erste Reise Rotterdam–Australien / Neuseeland.
1968 Umbau der Passagiereinrichtungen; jetzt 470 in einer Klasse. Im Southampton–Madaira-Dienst eingesetzt. Kreuzfahrten.
1970 An die Chandris-Gruppe verkauft.
September: Umbenannt ***Romanza***. Registriert für International Cruises SA, Piräus.
1977 In Panama registriert. 7 538 BRT.
1979 Für die Armadores Romanza SA, Panama, eingetragen.
1983 707 Passagiere.

TS ***Alferdoss***

Silvermoon Ferries Ltd, Panama
ex ***Noga*** – 1984; ex ***Italis*** – 1980;
ex ***America*** – 1978; ex ***Australis*** – 1978;
ex ***America*** – 1964; ex ***West Point*** – 1946

Erbaut als ***America***
United States Lines Inc, New York

Bauwerft: Newport News SB & DD Co; Baunr. 369
26 454 BRT / 12 683 tdw / 220,4 m Länge ü.a. / 28,4 m Breite / Zwei Satz Parsons-Getriebeturbinen; Bauwerft / 27 510 kW (37 400 PSw) / 2 Schrauben / 22 kn / 543 Kabinenklasse, 418 Touristenklasse, 241 III. Klasse / Besatzung: 643

1939 31. August: Stapellauf.
1940 2. Juni: Ablieferung. Das für den Nordatlantik-Dienst bestimmte Schiff wird wegen des Krieges in Europa für Kreuzfahrten in amerikanischen Gewässern eingesetzt.
10. August: Erste Kreuzfahrt New York–Westindien.
1941 Von der US-Navy übernommen und zum Truppentransporter umgerüstet.
1942 Umbenannt ***West Point***.
1946 22. Juli: Aus dem Transportdienst entlassen. Umbenannt ***America***. Überholung bei der Bauwerft. 26 314 BRT, Passagiere: 516 I. Klasse, 371 Kabinenklasse, 159 Touristenklasse.
1946 14. November: Erste Reise im Transatlantik-Dienst New York–Le Havre.
1951 25. Oktober: Ausdehnung des Dienstes auf Bremerhaven.
1960 Lloyd's Register-Vermessung: 33 961 BRT. 516 Passagiere I. Klasse, 530 Touristenklasse.
1964 November: An D & A Chandris, Piräus, verkauft. Umbenannt ***Australis***. Registriert für Okeania SA, Piräus.
In Piräus zum Einklassenschiff für 2 300 Passagiere umgebaut.
26 485 BRT.
1965 20. August: Erste Reise Piräus–Sydney.
16. Oktober: Erste Reise im Um-die-Welt-Dienst Southampton–Mittelmeer–Australien–Neuseeland–Panama–Southampton.
1968 23 315 BRT.
1969–1976 unter Panama-Flagge.
1977 18. November: Letzte Abfahrt von Southampton.
1978 An die American Cruise Line, Panama, verkauft, die den Firmennamen dann in Venture Cruise Lines ändert.

(Fortsetzung Seite 12)

The Victoria im Mai 1990 vor Cuxhaven. (Foto: Peter Voß)

Immer noch aktiver Veteran aus den 30er Jahren: die *Romanza*. (Sammlung Arnold Kludas)

19. Mai: Ankunft in New York, in ***America*** umbenannt.
30. Juni: Nach Überholung erste Kreuzfahrt nach Martha's Vineyard. 26 353 BRT.
20. Juli: Organisatorische Pannen zwingen die Venture Cruise Lines zur Aufgabe des Betriebes.
August: Rückkauf des Schiffes durch Chandris, der es als ***Italis*** für die Okeania SA, Panama, registrieren läßt.
1979 Nach einer Generalüberholung, bei der u.a. der vordere Schornstein ausgebaut wird, beginnt die ***Italis*** Mitte des Jahres mit Mittelmeer-Kreuzfahrten.
12. September: In Piräus aufgelegt.
1980 Mai: An die Inter Commerce Corporation verkauft, eine Tochtergesellschaft der Cie Noga d'Importation et d'Exportation, Panama, hinter der schweizerische Interessenten stehen.
Das in ***Noga*** umbenannte Schiff ist als Hotel vorgesehen.
1984 In ***Alferdoss*** umbenannt und für die Silvermoon Ferries Ltd registriert. Das Schiff hat unter den Namen ***Noga*** und ***Alferdoss*** seinen Liegeplatz in der Bucht von Eleusis nie verlassen.

TS *Emerald Seas*

Admiral Cruises, Monrovia

ex ***Atlantis*** – 1972; ex ***President Roosevelt*** – 1970; ex ***Leilani*** 1961; ex ***Laguardia*** – 1956

Erbaut als ***General W.P. Richardson***
US Navy

Bauwerft: Federal SB & DD Co, Kearny, NY; Baunr. 276
18 936 BRT / 189,8 m Länge ü.a. / 23,0 m Breite / Zwei Satz Getriebeturbinen; De Laval / 13 750 kW (18 700 PSw) / 2 Schrauben / 19 kn / 920 Passagiere

1944 6. August: Stapellauf.
Die Planung für dieses Schiff sah im April 1944 ***General R.M. Blatchford*** als Namen vor.
31. Oktober: Ablieferung.
2. November: Indienststellung.
Kennung AP 118.
10. Dezember: Jungfernreise Boston–Southampton.
1946 14. Februar: Der US-Army übergeben.
1948 10. März: Aufgelegt. An die American Export Lines verchartert. In Pascagoula für den Passagierdienst umgebaut.
Umbenannt ***Laguardia***. 157 Passagiere I. Klasse, 452 Touristenklasse.
1949 27. Mai: Erste Reise New York–Genua. Ab Oktober nach Haifa.
1951 13. Dezember: An die US-Maritime Commission übergeben. Im James River aufgelegt.
1955 An die Hawaiian SS Co, Textron Inc, New York, verkauft.
Nach Umbau 18 298 BRT.
1956 Juli: Umbenannt ***Leilani***. Kalifornien–Hawaii-Dienst.
1958 Die Textron Inc geht in Konkurs.
29. Dezember: ***Leilani*** wird aufgelegt.
1959 Juni: Die Maritime Administration ersteigert das Schiff.
1960 An die American President Lines, San Franzisko, verkauft.
1961 1. März: Umbaubeginn zum Luxusliner bei der Puget Sound Bridge & DD Co in Seattle. Umbenannt ***President Roosevelt***.
1962 16. April: In Dienst gestellt. 18 920 BRT, 456 Passagiere I. Klasse.
10. Mai: Erste Reise San Franzisko–Yokohama.
1970 An D & A Chandris verkauft. Registriert für Solon Nav SA, Piräus. In Perama Umbau für Kreuzfahrten. Umbenannt ***Atlantis***.
1971 Juni: Fertigstellung. 18 936 BRT, 756 Passagiere in einer Klasse, max. 1 092 Passagiere. Kreuzfahrten von US-Häfen.
1972 Oktober: An die Ares Shipping Corp, Panama, verkauft.
Umbenannt ***Emerald Seas***. Weiter Kreuzfahrten von US-Häfen.
1984 Für Eastern Steamship Lines Inc in Panama (Gotaas-Larsen Shipping Corp) eingetragen. Von Admiral Cruises bereedert.
1987 18 927 BRT.
1990 Heimathafen Monrovia.

MS *Achille Lauro*

Starlauro SpA, Neapel

Erbaut als ***Willem Ruys***
NV Koninklijke Rotterdamsche LLoyd, Rotterdam

Bauwerft: De Schelde, Vlissingen; Baunr. 214
21 119 BRT / 4 925 tdw / 192,4 m Länge ü.a. / 24,9 m Breite / Acht 8-Zyl.-Diesel mit Getriebe; Sulzer-De Schelde / 23 900 kW (32 000 PSe, max. 38 000 PSe) / 2 Schrauben / 22 kn (max. 24,62 kn) / Passagiere: 344 I., 301 II., 189 III., 86 IV. Klasse.
1939 Januar: Kiellegung.
1940 Während der deutschen Besetzung der Niederlande wird an dem Schiff kaum weiter-

Die *Alferdoss* im Juni 1990 in Eleusis. (Foto: L. W. C. Lamers)

gearbeitet. Tatsächlich erzielte Baufortschritte werden durch Aktionen der Widerstandsbewegung wieder aufgehoben.

1946 1. Juli: Stapellauf.

1947 21. November: Ablieferung.

2. Dezember: Jungfernreise Rotterdam–Indonesien.

1957 Dezember: Aufgabe des Passagierdienstes nach Indonesien.

1958 Mai: Erste Reise Rotterdam–New York. Nach zwei Montreal-Reisen für die Europa-Canada-Linie wird die ***Willem Ruys*** in Schiedam bei Wilton-Fijenoord für den Rund-um-die-Welt-Dienst umgebaut.

1959 7. März: Nach beendetem Umbau im Dienst.

23 114 BRT, 275 Passagiere I. Klasse, 770 Touristenklasse.

Fahrtroute Rotterdam–Suez–Australien–Neuseeland–Panama–Rotterdam.

1964 Januar: An Achille Lauro verkauft mit Lieferung Dezember.

1965 Januar: Übergabe an Flotta Lauro, Rom. Umbenannt ***Achille Lauro***. Umbau und Modernisierung des Schiffes bei CN Riuniti di Palermo.

29. August: Erhebliche Verzögerungen der Umbauarbeiten durch eine Explosion mit anschließendem Brand.

1966 13. April: Erste Reise Genua–Sydney–Wellington.

23 629 BRT, 152 Passagiere I. Klasse, 1 155 Touristenklasse.

1972 19. Mai: In Genua bei Überholungsarbeiten durch Feuer schwer beschädigt. Nach fünf Monaten wieder in Fahrt.

1972 Dezember: Aufgabe des Liniendienstes nach Australien. Nur noch Kreuzfahrten. 1 097 Passagiere.

1975 28. April: In den Dardanellen mit dem libanesischen Viehtransporter ***Yousset*** kollidiert, der unmittelbar darauf sinkt. Ein Toter.

1982 23. Januar: Auf der Reise von Kapstadt nach Genua wegen unbezahlter Reparatur-Rechnungen in Teneriffa an die Kette gelegt. Die in Schwierigkeiten geratene Lauro Line muß auf Anordnung des Vergleichsverwalters das gesamte Sommerprogramm absagen.

1983 28. Januar: In Genua aufgelegt.

1984 Juli: Wieder für Mittelmeer-Kreuzfahrten eingesetzt.

1985 7. Oktober: Auf einer Kreuzfahrt zwischen Alexandria und Port Said bringen vier arabische Terroristen das Schiff in ihre Gewalt und ermorden einen amerikanischen Passagier.

9. Oktober: Die Terroristen geben auf. Ein Großteil der Passagiere wird nach Italien geflogen.

16. Oktober: Die ***Achille Lauro*** kehrt nach Genua zurück. Die Schiffsentführung verursacht diplomatische Spannungen zwischen den USA, Ägypten und Tunesien, und sie führt schließlich zum Rücktritt der italienischen Regierung.

1987 An Starlauro SpA, Neapel. Mit 23 862 BRT vermessen.

Durch ihre Terroristen-Affäre wurde die *Achille Lauro* weltbekannt. (Foto: Sammlung Weirauch)

Turbinenschiff *Emerald Seas*. (Foto: Hans Jürgen Amberg)

MS *Surriento*

Star Lauro SpA, Neapel
ex ***Fridtjof Nansen*** – 1989; ex ***Volker*** – 1986; ex ***Völkerfreundschaft*** – 1985

Erbaut als ***Stockholm***
Svenska Amerika Linjen A/B, Göteborg

Bauwerft: A/B Götaverken, Göteborg; Baunr. 611
11 700 BRT / 2 020 tdw / 160,1 m Länge ü.a. / 21,0 m Breite / Zwei 8-Zyl.-Diesel; Götaverken / 8 800 kW (12 000 PSe) / 2 Schrauben / 19 kn / 113 I. Klasse, 282 Touristenklasse / Besatzung: 200

1946 9. September: Stapellauf.
1948 Februar: Fertigstellung.
21. Februar: Jungfernreise Göteborg–New York. Auch für Kreuzfahrten eingesetzt.
1952 Nach Umbau 12 644 BRT. Passagiere: 86 (ab 1955 24) I. Klasse, 584 Touristenklasse.
1956 25. Juli: 100 sm vor New York kollidiert die ***Stockholm*** in dichtem Nebel mit dem italienischen Liner ***Andrea Doria***, der Stunden später mit 47 Toten sinkt. Die schwerbeschädigte ***Stockholm***, auf der fünf Menschen der Kollision zum Opfer fielen, erreicht mit eigener Kraft New York. Reparatur bei Bethlehem Steel Co bis 5. November. Die ***Stockholm*** erhält dabei ein völlig neues Vorschiff.
1960 3. Januar: Der Freie Deutsche Gewerkschaftsbund der DDR kauft das Schiff. Umbenannt ***Völkerfreundschaft***. Der VEB Deutsche Seereederei, Rostock, übernimmt die Bereederung des für Kreuzfahrten eingesetzten Schiffes. 12 442 BRT; 568 Passagiere in einer Klasse.
1972 12 068 BRT.
1974 Reedereibezeichnung jetzt VEB Deutfracht/Seereederei. 11 970 BRT.
1985 April: In Rostock außer Dienst gestellt. An die Neptunus Rex Enterprises, Panama, verkauft.
August: Im Oslofjord aufgelegt. Umbenannt ***Volker***.
11. Dezember: In Southampton aufgelegt.
1986 20. Dezember: Unter dem neuen Namen ***Fridtjof Nansen*** aus Southampton im Schlepp der ***Bamse*** nach Oslo ausgelaufen. Vorübergehend Wohnschiff für Asylbewerber.
1989 Mai: An Star Lauro SpA verkauft, im Schlepp zum Umbau nach Genua überführt, dort aufgelegt. Umbenennung in ***Surriento***. Star Lauro hat inzwischen von den Umbauplänen Abstand genommen.
Im Lloyd's Register 1990–91 noch für Neptunus Rex registriert.

TS *Enrico Costa*

Costa Crociere SpA, Neapel
ex ***Enrico C*** – 1987

Erbaut als ***Provence,***
SGTM, Marseille

Bauwerft: Swan, Hunter & Wigham Richardson, Newcastle;
Baunr. 1874
15 889 BRT / 8 156 tdw / 176,7 m Länge ü.a. / 22,3 m Breite / Zwei Satz Getriebeturbinen; Parsons / 11 200 kW (15 000 PSw) / 2 Schrauben / 18 kn / 157 I.Kl, 167 Touristenklasse, 508 III. Kl, 470 in Schlafsälen

1950 15. März: Stapellauf.
1951 März: Fertigstellung.
30. März: Jungfernreise Marseille–Buenos Aires.
1954 18. Februar: Im La Plata kollidiert die ***Provence*** mit dem liberianischen Tanker ***Saxonsea*** und wird so schwer beschädigt, daß sie nach provisorischer Reparatur in Buenos Aires erst am 1. Januar 1955 wieder in Marseille eintrifft, wo die Schäden endgültig beseitigt werden.
1955 26. März: Erste Reise nach dem Unfall.
1962 Erste Reise Genua–Buenos Aires in Charter der Costa Armatori, Genua.
1965 An Costa Armatori, Genua, verkauft. Umbenannt ***Enrico C***.
Umbau in Genua. 218 Passagiere I. Klasse, 980 Touristenklasse. 13 607 BRT.
1966 Erste Reise Genua–Buenos Aires.
1972 Nur noch für Kreuzfahrten eingesetzt. Hauptsächlich im Mittelmeer. Passagiereinrichtungen auf 750 reduziert.
1980 16 495 BRT.
1982 Heimathafen Neapel.
1984 In Genua registriert.
1986 Heimathafen ist jetzt Palermo.
1987 Umbenannt ***Enrico Costa***. Unter der neuen Firmenbezeichnung Costa Crociere SpA in Neapel registriert.
1990 Umbau- und Modernisierungsarbeiten bei der Fincantieri-Werft in Genua.
845 Passagiere.

TS *State*

Government of The United States of America, (Department of Transportation), New York
ex ***Empire State*** – 1990;
ex ***Empire State V*** – 1978; ex ***Barrett*** – 1974

Vom Stapel als ***President Jackson***
American President Lines Ltd, San Franzisko

Bauwerft: New York SB Corp, Camden;
Baunr. 485
12 660 BRT / 162,5 m Länge ü.a. / 22,3 m Breite / Zwei Satz Getriebeturbinen;
GEC / 12 460 kW (16 940 PSw) / 1 Schraube / 19 kn / 392 Passagiere, 1 500 Mann Truppen

1950 27. Juni: Stapellauf.
Das für den Passagierdienst der American President Lines vorgesehene Schiff wird von der US Navy übernommen. Weiterbau als Truppentransporter. Umbenannt ***Barrett***.
Kennung T-AP 196.
15. Dezember: Ablieferung.
1973 1. Juli: Aus der Liste der US-Kriegsschiffe gestrichen.
5. September: An die New York Maritime Academy übergeben, in ***Empire State V*** umbenannt.
1978 Umbenennung in ***Empire State***.
1982 Mit 13 319 BRT vermessen.
1990 In ***State*** umbenannt.

In Genua sieht die *Surriento* alias *Fridtjof Nansen* einer ungewissen Zukunft entgegen.
(Foto: Antonio Scrimali)

Independence
siehe Farbteil Seite 98

TS ***Constitution***

American Hawaii Cruises Inc, Honolulu
ex ***Oceanic Constitution*** – 1982

Erbaut als ***Constitution***
American Export Lines Inc, New York

Bauwerft: Bethlehem Steel Co, Shipyard Div, Quincy Mass; Baunr. 1619
23 754 BRT / 7 222 tdw / 207,8 m Länge ü.a. / 27,2 m Breite / Zwei Satz Getriebeturbinen; Bauwerft / 41 000 kW (55 000 PSw) / 2 Schrauben / 23 kn / 295 I. Klasse, 375 Kabinenklasse, 330 Touristenklasse

1950 16. September: Stapellauf.
1951 Juni: Fertigstellung.
25. Juni: Jungfernreise New York–Neapel–Genua.
1959 Januar bis März: Umbau der I. Klasse-Passagiereinrichtungen in Newport News. Jetzt 484 I. Klasse. 23 754 BRT.
1967 20 269 BRT.
1968 Nur noch Kreuzfahrten.
9. September: In Jacksonville aufgelegt.
1974 Januar: An die Atlantic Far East Lines Inc, Panama (C.Y. Tung) verkauft. Umbenannt ***Oceanic Constitution***. 950 Passagiere in einer Klasse.
1974 August: In Hongkong aufgelegt.
1981 An die American Hawaii Cruise Inc, die zur Tung-Gruppe gehört. Überholung in Taiwan. 1 088 Passagiere.
1982 Juni: Hawaii-Kreuzfahrten.
1982 Als ***Constitution*** für die American Global Line in New York eingetragen.
1984 800 Passagiere.
1987 In Honolulu registriert.
1990 Mit 20 199 BRT registriert.

Die *Constitution* in Long Beach. (Foto: Jürgen Scholz)

Enrico Costa mit gründlich umgestalteten Aufbauten im Juli 1990 vor Messina. (Foto: Antonio Scrimali)

Schulschiff *Empire State* 1983 in Southampton. (Foto: Sammlung Weirauch)

MS *Georg Büchner*

Ausbildungsschiff in Rostock-Schmarl

Erbaut als ***Charlesville***
Compagnie Maritime Belge SA, Antwerpen

Bauwerft: SA Cockerill-Ougrée, Hoboken, Antwerpen; Baunr. 743
10 901 BRT / 9 128 tdw / 153,7 m Länge ü.a. / 19,6 m Breite / Ein 8-Zyl.-Diesel; B&W-Cockerill / 5 294 kW (7 200 PSe) / 1 Schraube / 15,5 kn / 248 Passagiere / Besatzung: 140

1950 12. August: Stapellauf.
1951 12. Februar: Fertigstellung.
15. Februar: Ablieferung.
6. März: Jungfernreise Antwerpen–Matadi.
1957 18. Mai: Umbau der Antriebsanlage. Nach Aufladung des Diesels 9 250 PSe, 16,5 Kn.
1967 5. Juli: An VEB Deutsche Seereederei, Rostock, übergeben und in ***Georg Büchner*** umbenannt. 11 060 BRT.
Das Schiff fährt jetzt im Liniendienst der DSR, die Passagiereinrichtungen dienen der Unterbringung auszubildender Seeleute und Maschinisten.
1977 September: Als »Landseitiges Ausbildungsobjekt« auf der Warnow bei Rostock-Schmarl aufgelegt.

Ausbildungsschiff *Georg Büchner* in Rostock. (Foto: Steffen Weirauch)

MS *Asian Princess*

Philtrust Finance Ltd, Manila
ex ***President*** – 1988; ex ***Philippines*** – 1985; ex ***Ocean King*** 1983; ex ***Great Sea*** – 1980

Erbaut als ***Augustus***
Italia SAN, Genua

Bauwerft: Cant. Riuniti dell'Adriatico, Triest; Baunr. 1757
27 028 BRT / 8 720 tdw / 207,4 m Länge ü.a. / 26,6 m Breite / Zwei 12-Zyl.Diesel; Fiat / 26 000 max. 27 000 PSe / 2 Schrauben / 21 kn / 178 I. Klasse, 288 Kabinenklasse, 714 Touristenklasse / Besatzung: 493

1950 19. November: Stapellauf.
1952 Februar: Fertigstellung.
4. März: Jungfernreise Genua–Buenos Aires.
1957 7. Februar: Erste Reise Genua–New York.
1961 September: Wieder im Südamerika-Dienst eingesetzt.
1964 Passagiereinrichtungen geändert für 180 I. Klasse, 1 000 Touristenklasse.
1976 16. Januar: In Neapel aufgelegt. An die Great Shipping & Investment Ltd verkauft und in Port Victoria, Seychellen, registriert. Umbenannt ***Great Sea***. Zum Umbau nach Hongkong überführt.
1977 Juli: Zu weiteren Umbauarbeiten nach Keelung. Auf die Great Sea Shipping Co, Panama, übertragen.
1977 17. Oktober: Ankunft in Hongkong, aufgelegt.
1978 3. Juli: Erste Reise nach Kaohsiung und Keelung.
21. August: Erneut in Hongkong aufgelegt.
1980 An die Ocean King Navigation Co, Manila, verkauft.
Umbenannt ***Ocean King***.
1982 14. Januar: In Manila aufgelegt.
1983 Umbenannt ***Philippines***, als Wohnschiff in Manila eingesetzt.
1985 An die Philippine President Lines in Manila, die das Schiff unter dem neuen Namen ***President*** in Hongkong auflegt.
1987 Oktober: Überführung von Hongkong nach Taiwan.
November: In Keelung aufgelegt.
1988 An Philtrust Finance Co Ltd, Hong Kong verkauft. Umbenannt ***Asian Princess***.
1990 Heimathafen Manila.

TS *Pride of Mississippi*

Pride Cruise Line Ltd, Nassau
ex ***Atlas*** – 1988; ex ***Ryndam*** – 1972; ex ***Waterman*** – 1968

Erbaut als ***Ryndam***
Holland-Amerika Lijn, Rotterdam

Bauwerft: Wilton Fijenoord NV, Schiedam; Baunr. 732
15 015 BRT / 6 957 tdw / 153,4 m Länge ü.a. / 19,5 m Breite / Ein Satz Getriebeturbinen; General Electric Co / 6 250 kW (8 500 PSw) / 1 Schraube / 16,5 kn / 39 I. Klasse, 854 Touristenklasse / Besatzung: 300

1949 Kiellegung als Kombifrachter ***Dinteldyk***.
1950 19. Dezember: Stapellauf als ***Ryndam***.
1951 Juli: Fertigstellung.
16. Juli: Jungfernreise Rotterdam–New York.
1966 14. September: An die Europa-Kanada Linie, Bremen übergeben. Im Bremerhaven–New York-Dienst eingesetzt.
15 051 BRT.
1968 24. Mai: An die NV My Transoceaan, eine Tochtergesellschaft der Holland-Amerika Lijn. Umbenannt ***Waterman***.
10. Oktober: An Holland-Amerika Lijn zurück. Umbenannt ***Ryndam***.
Wieder im Nordatlantikdienst und für Kreuzfahrten eingesetzt.
1971 Juni: In Schiedam aufgelegt.
1972 18. August: An die World Wide Cruises (Epirotiki), Piräus, übergeben. Umbenannt ***Atlas***. In Piräus zum Cruise Liner umgebaut.
1973 5. Mai: Erste Mittelmeer-Kreuzfahrt für die Epirotiki Line.
1981 An die Hellenic Company for Mediterranean Cruises SA (Epirotiki). 9 114 BRT.
730 Passagiere. Die geplante Umbenennung in ***Royal Prince*** wurde nicht realisiert.

Noch immer in Hongkong aufgelegt:
die *President*. (Foto: Ian Gilbert)

1988 An Pride Cruise Line verkauft. Umbenannt ***Pride of Mississippi***.
24. Dezember: Überführungsreise ab Piräus nach USA.
Für Mako Maritime Management registriert. Tagesreisen ab Gulfport/Mississippi sowie Mexiko-Kreuzfahrten.
1991 Umbenennung in ***Pride of Texas*** geplant.

Schulschiff *State of Maine*. (Foto: Gerhard Fiebiger)

TS *State of Maine*

Government of The United States of America, (Department of Transportation), Castine, Me.
ex ***Upshur*** – 1973

Erbaut als ***President Hayes***
American President Lines Ltd, San Franzisko

Bauwerft: New York SB Corp, Camden; Baunr. 487
12 660 BRT / 162,7 m Länge ü.a. / 22,2 m Breite / Zwei Satz Getriebeturbinen; GEC / 9 200 kW (12 500 PSw) / 1 Schraube / 19 kn / 392 Passagiere, 1 500 Mann Truppen

1951 19. Januar: Stapellauf.
Das unfertige Schiff wird von der US Navy übernommen und als Truppentransporter weitergebaut. Umbenannt ***Upshur***.
Kennung T-AP 198.
1952 20. Dezember: Ablieferung.
1973 An das US Dept. of Commerce verkauft und in ***State of Maine*** umbenannt. Der Maine Maritime Academy als Schulschiff zur Verfügung gestellt als Ersatz für die zum Abwracken verkaufte alte ***State of Maine***.
1982 Mit 13 319 BRT vermessen.
1990 Heimathafen Castine, Maine.

Pride of Mississippi. (Foto: P. Lelekis)

MS *Marianna VI*

Bilinder Marine Corp SA, Panama

Erbaut als ***Aureol***
Elder Dempster Lines Ltd, Liverpool

Bauwerft: A.Stephen & Sons, Glasgow; Baunr. 629
14 083 BRT / 6 937 tdw / 163,7 m Länge ü.a. / 21,4 m Breite / Zwei 4-Zyl.-Diesel; Doxford / 6 912 kW (9 400 PSe) / 2 Schrauben / 16 kn / 253 I. Klasse, 76 Kabinenklasse, 24 wechselweise

1951 28. März: Stapellauf.
12. Oktober: Ablieferung.
8. November: Jungfernreise Liverpool–Lagos.
1969 Erweiterung der Passagiereinrichtungen auf 451 Plätze.
1972 26. April: Erste Reise ab Southampton, nachdem die Elder Dempster Lines als letzte Reederei ihren Passagierdienst ab Liverpool aufgegeben hat.
1974 18. Oktober: Letzte Ankunft in Southampton. Aufgelegt.
15. November: An die Marianna Shipping & Trading Corp in Athen verkauft. Als ***Marianna VI*** in Panama registriert.
In Djeddah als Wohnschiff in Dienst.
1979 22. Februar: Ankunft in Piräus nach Schleppreise von Djeddah.
1980 24. Februar: Ankunft in Rabegh, dort als Hotelschiff genutzt.
1985 Die Bilinder Marine Corp SA in Athen bewirtschaftet die ***Marianna VI***.
1989 8. Dezember: Ankunft in Piräus; in der Bucht von Eleusis aufgelegt.

TS *Amerikanis*

Chandris SA, Panama

Erbaut als ***Kenya Castle***
Union-Castle Mail Steamship Co Ltd, London

Bauwerft: Harland & Wolff, Belfast; Baunr. 1432
17 041 BRT / 10 656 tdw / 175,7 m Länge ü.a. / 22,6 m Breite / Zwei Satz Getriebeturbinen; Parsons-H&W / 10 750 kW (14 620 PSw) / 2 Schrauben / 17,5 kn / 526 Kabinenklasse

1951 21. Juni: Stapellauf.
1952 Februar: Fertigstellung.
4. April: Jungfernreise London Rund-um-Afrika.
1967 22. April: Im River Blackwater aufgelegt.
August: An die Chandris-Gruppe verkauft und als ***Amerikanis*** für die National Hellenic American Line SA in Piräus registriert.
In Piräus für den Nordatlantikdienst und Kreuzfahrten umgebaut. 19 904 BRT.
911 Passagiere / Besatzung: 250.
1968 8. August: Erste Reise Piräus–New York.
1970 Mit 16 485 BRT vermessen. Kreuzfahrten in amerikanischen und europäischen Gewässern.
1980 Für die Chandris American Line eingetragen.
1984 Auf die Fifth Transoceanic Shipping Co Ltd, Panama, übertragen. Mit 12 795 BRT vermessen.

United States

siehe Farbteil Seite 99

MS *La Palma*

Intercruise Ltd, Piräus
ex ***La Perla*** – 1980; ex ***Delphi*** – 1977

Erbaut als ***Ferdinand de Lesseps***
Cie des Messageries Maritimes, Marseille

Bauwerft: Forges & Chantiers de la Gironde, Bordeaux; Baunr. 1
10 881 BRT / 6 146 tdw / 150,0 m Länge ü.a. / 19,6 m Breite / Zwei 10-Zyl.-Diesel; B&W-Bauwerft / 9 200 kW (12 500 PSe) / 2 Schrauben / 17 kn / 88 I. Klasse, 112 Touristenklasse, 296 III. Klasse

1951 21. Juli: Stapellauf.
1952 Juli: Fertigstellung.
3. Oktober: Jungfernreise Marseille–Mauritius.
1968 Dezember: An C.G. Efthymiades, Piräus, verkauft.
1969 Umbenannt in ***Delphi***.
1970 Nach Umbau Kreuzfahrten im Mittelmeer.
1974 Geplanter Verkauf an spanische Abwracker nicht realisiert.
1976 11. November: In Piräus aufgelegt.
1977 Als ***La Perla*** an die Perlus Cruises SA, Limassol. 801 Passagiere.
1980 Januar: In Liverpool arretiert, nachdem es zwischen Reederei und Reiseveranstalter zu Differenzen gekommen war.
1980 In ***La Palma*** umbenannt und für die Intercruises Ltd registriert. 11 608 BRT. Kreuzfahrten im Mittelmeer ab Venedig.
1987 7. Februar: Erste Kreuzfahrt ab Plymouth.
1990 Heimathafen Piräus, 9 022 BRT.
1991 8 619 BRT.

Die *Marianna VI* 1990 in Eleusis. (Foto: L. W. C. Lamers)

MS *Anastasis*

YWAM-Mercy Ships 'A Ministry of Youth With A Mission', Valletta

Erbaut als ***Victoria***
Lloyd Triestino Soc.di Nav., Triest

Bauwerft: Cantieri Riuniti dell'Adriatico, San Marco, Triest;
Baunr. 1765
11 695 BRT / 4310 tdw / 159,1 m Länge ü.a. / 20,7 m Breite / Zwei 10-Zyl.-Diesel; Fiat-Bauwerft / 11 850 kW (16 100 PSe) / 2 Schrauben / 19,5 kn / 286 I. Klasse, 181 Touristenklasse / Besatzung: 213

1951 18. September: Stapellauf.
1953 März: Fertigstellung und Jungfernreise Venedig–Ostasien. Dann Genua–Hongkong-Dienst.
1965 Triest–Hongkong.
1967 Triest–Kapstadt–Karachi.
1974 Oktober: An die Adriatica SAN, Venedig, verkauft.
Triest–Beirut-Dienst und Kreuzfahrten.
430 Passagiere in einer Klasse.
1977 14. Juni: Aufgelegt.
1978 Ankauf durch die amerikanische Youth with a Mission-Organisation und Verwendung als schwimmende Kirche. Für die YWAM Shipping Co in Limassol, Zypern, registriert. Umbenannt ***Anastasis***
1979 5. Juli: In Piräus aufgelegt.
1982 An die Maritime Mercy Ministries Ltd, Malta.
1990 Für YWAM-Mercy Ships 'A Ministry of Youth With A Mission', Valletta, registriert.

Ms *La Palma*. (Foto: Steffen Weirauch)

Die *Amerikanis* 1988 in der Karibik. (Sammlung Weirauch)

Missionsschiff *Anastasis*. (Foto: Sammlung Weirauch)

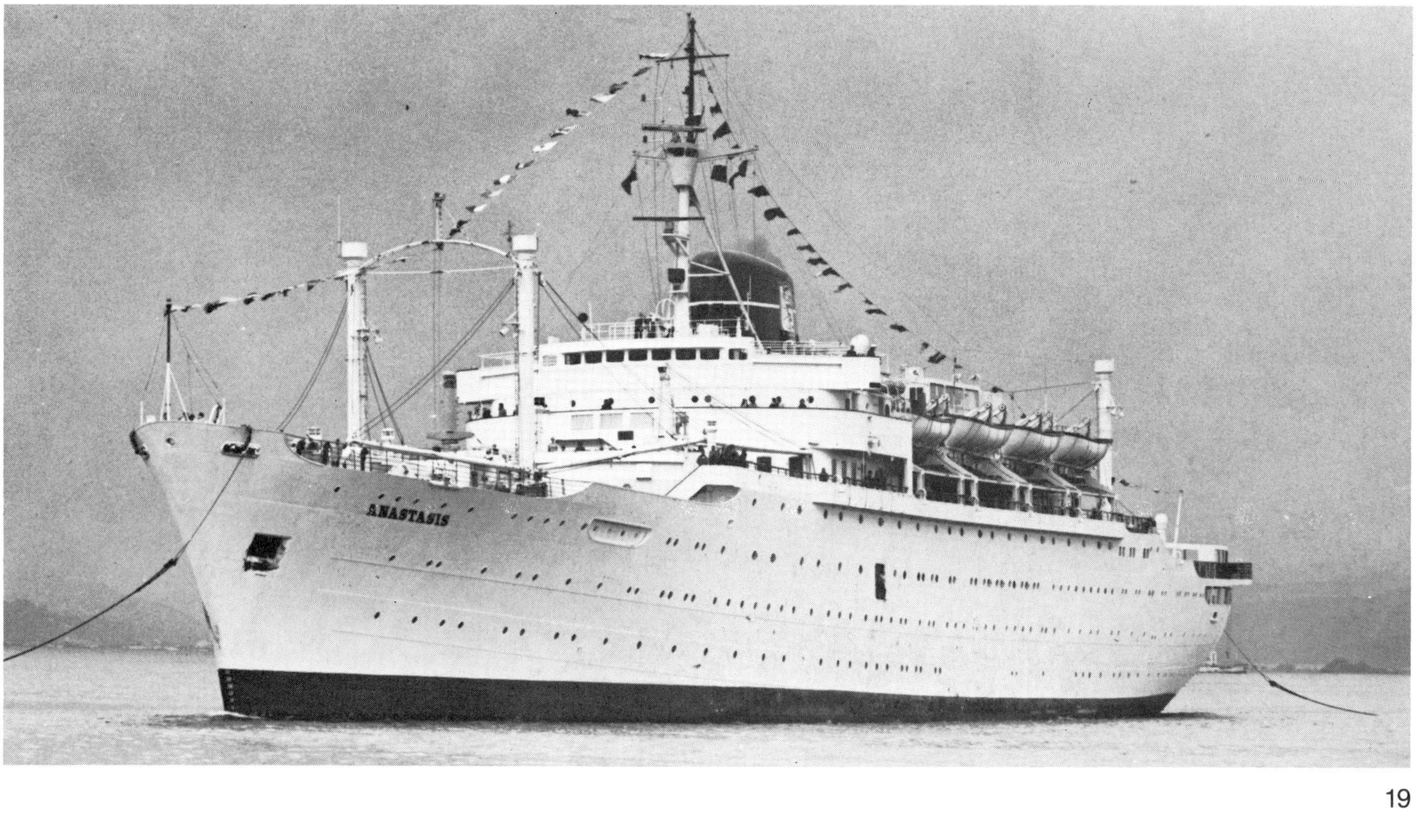

MS *Carla Costa*

Costa Crociere SpA, Neapel
ex ***Carla C*** – 1986

Erbaut als ***Flandre***
Cie Générale Transatlantique, Le Havre

Bauwerft: Ateliers et Chantiers de France, Dünkirchen; Baunr. 206
20 469 BRT / 5 834 tdw / 182,8 m Länge ü.a. / 24,5 m Breite / Zwei Satz Getriebeturbinen; Rateau-Chant. de Bretagne / 32 353 kW (44 000 PSw) / 2 Schrauben / 22 kn / 402 I. Klasse, 285 Kabinenklasse, 97 Touristenklasse / Besatzung: 361

1951 31. Oktober: Stapellauf.
1952 8. Juli: Ablieferung.
23. Juli: Jungfernreise Le Havre–New York. Wegen verschiedener Maschinenschäden anschließend bis April 1953 Werftliegezeit.
1953 17. April: Wieder im Le Havre–New York-Dienst.
1955 Änderung der Passagiereinrichtung. 212 I. Klasse, 511 Touristenklasse.
1958 Jetzt ganzjährig im New York-Dienst eingesetzt. In den Wintermonaten Le Havre–Mittelamerika-Dienst.
1962 Nach Indienststellung der ***France*** nur noch Westindienreisen und Kreuzfahrten. Weißer Rumpfanstrich.
1968 Februar: An Costa Armatori SpA, Genua, verkauft. Umbenannt in ***Carla C***. Bis Dezember in Italien für Kreuzfahrten umgebaut. 19 975 BRT, 754 Passagiere.
1969 10. Januar: Erste Kreuzfahrt Los Angeles–Mexiko.
1970 Kreuzfahrten von US-Ostküstenhäfen.
1974 1. Juni: Ankunft in Amsterdam, wo die ***Carla C*** zum Motorschiff umgebaut wird. Zwei 20-Zyl.-Diesel mit Getriebe; Werkspoor. 19 650 kW (26 700 PSe) 19 kn.
1975 Januar: Wieder in Dienst.
1983 In Neapel registriert.
1986 Für die Costa Crociere registriert und in ***Carla Costa*** umbenannt.
1987 19 942 BRT.

TS *Stefan*

Stena AB, Nassau
ex ***Stefan Batory*** – 1989

Erbaut als ***Maasdam***
Holland-Amerika Lijn NV, Rotterdam

Bauwerft: Wilton Fijenoord NV, Schiedam; Baunr. 733
15 024 BRT / 7 057 tdw / 153,4 m Länge ü.a. / 21,0 m Breite / Zwei Getriebeturbinen; General Electric / 6 350 kW (8 500 PSw) / 1 Schraube / 16,5 kn / 39 I. Klasse, 842 Touristenklasse / Besatzung: 300

1949 Von Holland-Amerika Lijn als Kombifrachter ***Diemerdijk*** geplant.
1952 5. April: Stapellauf als ***Maasdam***.
15. Juli: Fertigstellung.
11. August: Jungfernreise Rotterdam–New York.
1963 15. Februar: Beim ersten Anlaufen Bremerhavens, wohin der New York-Dienst der ***Maasdam*** ausgedehnt werden soll, läuft das Schiff in der Wesermündung wegen durch Eisgang versetzter Seezeichen auf die gesunkenen Wracks des britischen Frachters ***Harborough*** und des sowjetischen Frachters ***Kholmogory*** auf. Die ***Massdam*** erhält schwerste Beschädigungen im Bereich des Doppelbodens, und der Kapitän läßt die 500 Passagiere ausbooten. Der Liner geht in die Werft des Norddeutschen Lloyd nach Bremerhaven.
16. April: Erste Reise Bremerhaven–New York.
1966 Rotterdam–Montreal-Dienst.
1968 An die Polish Ocean Lines, Gdynia, verkauft. Umbenannt ***Stefan Batory***. Umbau in Gdynia. 779 Passagiere, 15 044 BRT.
1969 11. April: Erste Reise Gdynia–Montreal. Auch für Kreuzfahrten eingesetzt.
1983 Für die Polskie Towarzystwo Okretowe, Gdynia, eingetragen.
1987 7. Oktober: Letzte Reise Montreal–Gdynia.
21. Oktober: Ankunft in Gdynia.
1988 26. März: Rückkehr von der letzten Kreuzfahrt unter der Flagge der Polish Ocean Lines nach Gdynia.
Mai: An Hellenic Polish Shipping & Trading Enterprises Ltd, Athen (Panama-Flagge) verkauft.
Umbaubeginn für Hellenic Polish Shipping & Trading Enterprises Ltd, Panama.
26. Juni: Vor Vlissingen aufgelegt.
13. November: Ankunft in Piräus.
Für Erne Cia Maritima SA, Panama, registriert.
1989 An Stena AB, Stockholm, verkauft.
1990 1. Februar: Ankunft in Göteborg unter dem Namen ***Stefan*** (Bahama-Flagge).
Als Wohnschiff für Asylbewerber an die schwedische Einwanderungsbehörde verchartert. 11 693 BRT.
1990 Für City Shipping International Inc, Nassau, eingetragen.

MS *Mediterranean Sea*

Michael A. Karageorgis Lines Corp, Limassol

Erbaut als ***City of Exeter***
Ellerman Lines Ltd, London

Bauwerft: Vickers Armstrong Ltd, Newcastle; Baunr. 121
13 345 BRT / 11 350 tdw / 164,9 m Länge ü.a. / 21,7 m Breite / Zwei 6-Zyl.-Diesel; Doxford / 9 450 kW (12 650 PSe) / 2 Schrauben / 16 kn / 107 I. Klasse

1952 7. Juli: Stapellauf.
1953 29. April: Ablieferung.
Mai: Jungfernreise London–Beira.
1971 An M.A. Karageorgis, Piräus, verkauft. Umbenannt in ***Mediterranean Sea***. In Perama zum Autofährschiff umgebaut. 15 212 BRT. 829 Passagiere, 400 PKW.
1972 Dezember: Erste Reise Patras–Brindisi–Ancona.
1974 In Famagusta registriert. 16 384 BRT.
1975 Für die Mikar Ltd in Limassol eingetragen. Von der Michael A. Karageorgis Lines Corp bereedert.
1982 Ancona–Patras-Dienst.
1989 13 692 BRT.

Die *Stefan* als Wohnschiff in Göteborg.
(Foto: Dr. Achim Borchert)

Die *Carla Costa* kurz vor der Umbenennung. (Foto: C. Limonier)

Mediterranean Sea im Juli 1990. (Foto: Frank Heine)

TS ***Stella Solaris***

Sun Line Greece Special Shipping Co Inc, Piräus

ex ***Stella V*** – 1970

Erbaut als ***Cambodge***
Messageries Maritimes, Marseille

Bauwerft: Ateliers et Chantiers de France, Dünkirchen; Baunr. 208
13217 BRT / 3400 tdw / 166,2 m Länge ü.a. / 22,0 m Breite / Zwei Satz Getriebeturbinen; Loire / 17900 kW (24000 PSw) / 2 Schrauben / 21 kn / 117 I. Klasse, 110 Touristenklasse, 314 III. Klasse

1952 8. Juli: Stapellauf als ***Cambodge*** für die Messageries Maritimes, Marseille.
1953 31. Juli: Jungfernreise Marseille–Yokohama.
1963 Mit 13520 BRT vermessen.
1969 Dezember: An die Sun Line Inc, Piräus, verkauft.
1970 Umbenannt ***Stella V***. In La Spezia aufgelegt. Erneut umbenannt: ***Stella Solaris***.
1971 Februar: Nach Piräus geschleppt, wo das Schiff bei der Perama-Werft für Kreuzfahrten umgebaut wird. 10595 BRT. 660 Passagiere.
1973 25. Juni: Erste Mittelmeer-Kreuzfahrt ab Piräus.

Die *Stella Solaris*. (Foto: Steffen Weirauch)

MS ***Oceanos***

Epirotiki Lines SA, Piräus

ex ***Eastern Princess*** – 1976; ex ***Ancona*** – 1974; ex ***Mykinai*** 1971

Erbaut als ***Jean Laborde***
Messageries Maritimes, Marseille

Bauwerft: Forges & Chantiers de la Gironde, Bordeaux; Baunr. 225
10909 BRT / 6289 tdw / 150,1 m Länge ü.a. / 19,6 m Breite / Zwei 10-Zyl.-Diesel; Creusot / 9700 kW (12500 PSe) / 1 Schraube / 17 max. 18,5 kn / 88 I. Klasse, 112 Touristenklasse, 299 III. Klasse

1951 21. Juli: Stapellauf.

1952 Juli: Fertigstellung.
31. Juli: Jungfernreise Marseille–Mauritius.

1970 An C.G. Efthymiades, Piräus, verkauft. Umbenannt ***Mykinai***.
Im Mittelmeerdienst eingesetzt.
540 Passagiere.

1971 Umbenannt ***Ancona***.

1974 Der geplante Umbau zur Autofähre und die Umbenennung in ***Brindisi Express*** finden nicht statt.
Statt dessen an die Helite Hellenic Italian Lines, Panama, als ***Eastern Princess***.
September: Von Piräus nach Ostasien, dort Singapore–Australien-Dienst.

1976 An die Pontos Nav. SA (Epirotiki), Panama, verkauft.
Umbenannt in ***Oceanos***.
29. Juli: Ankunft in Piräus, Reparaturen und Umbau. Danach Mittelmeer-Kreuzfahrten. 7554 BRT.

1981 Für die Hellenic Company for Sea & Water Ways SA, Piräus, registriert.
Weiter Epirotiki-Bereederung.

MS ***Atalante***

Aphrodite Cruises Ltd, Piräus

Erbaut als ***Tahitien***
Messageries Maritimes, Marseille

Bauwerft: Arsenal de la Marine, Brest; Baunr. ME 2
12614 BRT / 8927 tdw / 167,3 m Länge ü.a. / 20,6 m Breite / Zwei 10-Zyl.-Diesel; Creusot / 7700 kW (10300 PSe) / 2 Schrauben / 17 kn / 74 I. Klasse, 84 Touristenklasse, 208 III. Klasse

1952 4. Oktober: Stapellauf.
1953 April: Ablieferung.
4. Mai: Jungfernreise Marseille–Panama–Sydney.
1972 An die Aphrodite Cruises Ltd, Famagusta.
Umbenannt in ***Atalante*** und für Kreuzfahrten im Mittelmeer eingesetzt. 659 Passagiere.
1976 In Limassol, seit 1977 in Piräus registriert.
1978 Umbau der Passagiereinrichtungen, jetzt 549 Fahrgäste.
1990 13113 BRT.

MS *Oceanos*. (Foto: Steffen Weirauch)

Motorschiff *Atalante* in Piräus. (Foto: L. W. C. Lamers)

MS ***Mediterranean Sky***

Michael A. Karageorgis Lines Corp, Piräus

Erbaut als ***City of York***
Ellerman Lines Ltd, London

Bauwerft: Vickers Armstrong Ltd, Newcastle; Baunr. 122
14 941 BRT / 11 406 tdw / 164,9 m Länge ü.a. / 21,7 m Breite / Zwei 6-Zyl.-Diesel; Doxford / 9 450 kW (12 650 PSe) / 2 Schrauben / 17 kn / 107 I. Klasse

1953 30. März: Stapellauf.
26. Oktober: Ablieferung.
November: Jungfernreise London–Beira.
1971 An M.A. Karageorgis, Piräus, verkauft. Umbenannt in ***Mediterranean Sky***. In Perama zum Autofährschiff umgebaut. 786 Passagiere, 400 PKW.
1974 Erste Reise Ancona–Rhodos. Das für die Pandiestra Oceanica registrierte Schiff wird von der Michael A. Karageorgis Lines Corp bereedert.
1987 Dezember: Bis Februar 1988 in argentinischer Charter unter dem Namen ***Siterranean Sky***.

Die *Mediterranean Sky*. (Foto: Hans Jürgen Amberg)

Mit ihrem neuen Schornstein hat die *Caribe I* an Attraktivität gewonnen.
(Foto: Gerhard Fiebiger)

MS ***Caribe I***

Commodore Cruise Lines, Panama
ex ***Caribe*** – 1983

Erbaut als ***Olympia***
Transatlantic Shipping Corp, Monrovia (Greek Line)

Bauwerft: A.Stephen & Sons, Glasgow; Baunr. 636
22 979 BRT / 8 242 tdw / 186,1 m Länge ü.a. / 24,1 m Breite / Zwei Satz Getriebeturbinen; Pametrada-Bauwerft / 18 382 kW (25 000 PSw) / 2 Schrauben / 21 kn / 138 I. Klasse, 1 169 Touristenklasse

1953 16. April: Stapellauf.
12. Oktober: Taufe und Ablieferung.

15. Oktober: Jungfernreise Glasgow–New York, nachdem die ***Olympia*** vorher eine Gästefahrt nach Dublin gemacht hatte.
17. November: Erste Reise im Liniendienst Bremerhaven–New York.
1955 26. März: Erste Reise New York–Piräus. 17362 BRT.
1961 Ausdehnung des Dienstes auf Haifa.
1968 Unter griechischer Flagge in Andros registriert. 17434 BRT.
1970 Fast nur noch für Kreuzfahrten eingesetzt, jetzt 1030 Passagiere in einer Klasse.
1974 24. März: In Piräus aufgelegt.
1981 An die Sally Shipping GmbH in Bad Schwartau verkauft.
Unter deutscher Flagge weiter in Piräus aufgelegt.
1982 Umbenannt ***Caribe***. Umbaubeginn in Perama.

1983 11.März: Im Schlepp der ***Wotan*** in Hamburg angekommen. Dort Modernisierung der äußeren Form, Umbau der Passagiereinrichtungen und Erneuerung der Maschinenanlage. Austausch der Parsons-Turbinen gegen vier 12-Zyl.-Diesel mit Getriebe von Klöckner-Humboldt-Deutz.
14900 kW (20270 PSe), 18 Knoten.
29. Juni: Nach beendetem Umbau als ***Caribe I*** aus Hamburg ausgelaufen. Kreuzfahrten in der Karibik ab Miami für die Commodore Cruise Lines. Für die Hanseatic Caribbean Shipping Co Inc in Panama registriert.
1985 Die Reedereibezeichnung lautet jetzt Olympia Caribbean Shipping Co Inc, Panama. 14533 BRT.
1988 14. Mai: Ankunft in Norfolk, Virginia. Umbauarbeiten. Das Schiff erhält unter anderem einen neuen Schornstein.

Leonid Sobinov in den neuen Farben. (Foto: R. Starcevich)

TS ***Leonid Sobinov***

Transblasco Four Shipping Co Ltd, Valletta
ex ***Carmania*** – 1973

Erbaut als ***Saxonia***
Cunard Steamship Co Ltd, Liverpool

Bauwerft: John Brown & Co. Ltd, Clydebank; Baunr. 692
21637 BRT / 8836 tdw / 185,4 m Länge ü.a. / 24,5 m Breite / Zwei Satz Getriebeturbinen; Brown / 18300 kW (24500 PSw) / 2 Schrauben / 20 kn / 110 I. Klasse, 819 Touristenklasse / Besatzung: 461

1954 17. Februar: Stapellauf.
August: Fertigstellung.
2. September: Jungfernreise im Liniendienst Liverpool Montreal.
1957 19. Juli: Erste Reise Southampton–Montreal.
1961 April: Erste Reise Liverpool–New York.
1962/63 Bei Brown in Clydebank umgebaut. 22592 BRT. Umbenannt ***Carmania***. Rumpf und Aufbauten hellgrün gestrichen.
117 Passagiere I. Klasse, 764 Touristenklasse.
1963 8. April: Erste Reise Rotterdam–Montreal. Im Winter Kreuzfahrten von US-Häfen.
1967 Weißer Rumpfanstrich. Nur noch Kreuzfahrten.
1969 21370 BRT. 929 Passagiere, eine Klasse.
1971 Oktober: Aufgelegt. Im Dezember zum Verkauf ausgeschrieben.
1973 August: An die Nikreis Maritime Corp in Panama verkauft, die das Schiff für die sowjetische Staatsreederei Black Sea Shipping Co, Odessa, erwirbt.
Umbenannt ***Leonid Sobinov***.
1974 25. Februar: Erste Reise Southampton–Sydney. Für Kreuzfahrten eingesetzt.
1984 Mit 21846 BRT registriert.
1989 Mit Maschinenschaden zur Reparatur nach Ambelaki, Piräus.
1990 Nach Reparatur Mittelmeerkreuzfahrten unter der Flagge Maltas, bereedert von Transblasco Four Shipping Co Ltd, Valletta.

TS ***Fedor Shalyapin***

Far Eastern Shipping Co, Wladiwostok
ex ***Franconia*** – 1973

Erbaut als ***Ivernia***
Cunard Steamship Co Ltd, Liverpool

Bauwerft: John Brown & Co. Ltd, Clydebank; Baunr. 693
21717 BRT / 8472 tdw / 185,4 m Länge ü.a. / 24,5 m Breite / Zwei Satz Getriebeturbinen; Brown / 18300 kW (24500 PSw) / 2 Schrauben / 20 kn / 110 I. Klasse, 833 Touristenklasse / Besatzung: 461

1954 14. Dezember: Stapellauf.
1955 Juni: Fertigstellung.
1. Juli: Jungfernreise Greenock–Montreal.
27. Juli: Erste Reise im Liniendienst Liverpool–Montreal.
1957 17. April: Erste Reise Southampton–Montreal.
1962 Oktober: Bis Juni 1963 bei Brown umgebaut. Neue Passagiereinrichtungen. 119 I. Klasse, 728 Touristenklasse. 22637 BRT. Grüner Anstrich.
1963 1. Januar: Umbenannt ***Franconia***.
Juli: Erste Reise Rotterdam–Montreal.
1967 Weißer Anstrich.
1969 21406 BRT.
1970 Nur noch für Kreuzfahrten eingesetzt.
1971 Oktober: Aufgelegt. Im Dezember zum Verkauf ausgeschrieben.
1973 August: An die Nikreis Maritime Corp in Panama verkauft, die das Schiff für die sowjetische Staatsreederei erwirbt.
20. November: Erste Reise unter dem neuen Namen ***Fedor Shalyapin*** ab Southampton nach Sydney und Auckland. Dann Kreuzfahrten in australischen Gewässern. 800 Passagiere. Auch in der europäischen Kreuzfahrt eingesetzt. Gelegentlich Truppentransporte Kuba–Angola.
1987 In Lloyd's Register als ***Fyodor Shalyapin*** transliteriert.

TS ***Fair Princess***

P & O Lines Ltd, Monrovia
ex ***Fairsea*** – 1988; ex ***Fairland*** – 1971

Erbaut als ***Carinthia***
Cunard Steamship Co Ltd, Liverpool

Bauwerft: John Brown & Co. Ltd, Clydebank; Baunr. 699
21947 BRT / 8500 tdw / 185,4 m Länge ü.a. / 24,4 m Breite / Zwei Satz Getriebeturbinen; Pametrada-Brown / 18300 kW (24500 PSw) / 2 Schrauben / 20 kn / 154 I. Klasse, 714 Touristenklasse / Besatzung: 461

1955 14. Dezember: Stapellauf.
1956 Juni: Fertigstellung.
27. Juni: Jungfernreise im Liniendienst Liverpool–Montreal.
Im Winter Liverpool–New York-Dienst.

Fedor Shalyapin. (Foto: Peter Voß)

1967 Nur noch Kreuzfahrten.
1968 Januar: An die Fairland Shipping Corp, Monrovia, verkauft. Umbenannt ***Fairland***. Das für den Southampton–Neuseeland-Dienst der Sitmar Line vorgesehene Schiff wird in Southampton aufgelegt.
1970 21. Februar: Ankunft in Triest, wo das Schiff für Kreuzfahrten umgebaut wird. 21 916 BRT.
1971 Umbenannt ***Fairsea***. Für die Fairsea Shipping Corp in Monrovia registriert.
1972 Juli: Nach einem erneuten Umbau als Cruise Liner für 884 Fahrgäste in Dienst gestellt. 16 627 BRT. Kreuzfahrten von US-Häfen.
1984 906 Passagiere.
1988 1. September: An die P & O Line Ltd verkauft, weiter für Sitmar Cruises registriert. Umbenannt ***Fair Princess***.

Die *Dawn Princess* an der Hamburger Überseebrücke. (Foto: Klaus Bombel)

TS *Dawn Princess*

P & O Lines Ltd, Monrovia
ex ***Sitmar Fairwind*** – 1988;
ex ***Fairwind*** – 1988

Erbaut als ***Sylvania***
Cunard Steamship Co Ltd, Liverpool

Bauwerft: John Brown & Co Ltd, Clydebank; Baunr. 700
21 989 BRT / 8 500 tdw / 185,4 m Länge ü.a. / 24,5 m Breite / Zwei Satz Getriebeturbinen; Pametrada-Brown / 18 300 kW (24 500 PSw) / 2 Schrauben / 20 kn / 154 I. Klasse, 724 Touristenklasse / Besatzung: 461

1956 22. November: Stapellauf.
1957 Juni: Fertigstellung.
5. Juni: Jungfernreise Greenock–Montreal.
26. Juni: Erste Reise Liverpool–Montreal. Im Winter Liverpool–New York-Dienst.
1965 20 017 BRT.
1967 Weißer Anstrich. Nur noch Kreuzfahrten.
1968 Januar: An die Fairwind Shipping Corp, Monrovia, verkauft. Umbenannt ***Fairwind***. Das für den Southampton–Neuseeland-Dienst der Sitmar Line vorgesehene Schiff wird in Southampton aufgelegt.
1970 14. Januar: Ankunft in Triest, wo das Schiff für Kreuzfahrten umgebaut wird. 21 985 BRT. 906 Passagiere.
1972 16 667 BRT. Kreuzfahrten von amerikanischen Häfen.
1980 Auf Sitmar Cruises Inc, Liberia, übertragen.

1988 Neue Farbgebung. Die ***Fairwind*** ist das einzige Schiff der Reederei, das vor dem Verkauf an P & O die neuen Sitmar-Farben erhält. Umbenannt ***Sitmar Fairwind***.
1988 1. September: An P & O Lines Ltd verkauft, weiter für Sitmar registriert, eingesetzt von Princess Cruises Inc.
9. September: Umbenannt ***Dawn Princess***.
1990 24 803 BRZ.

Die *Brazil Maru* in Toba. (Foto: Sammlung Weirauch)

MS *Brazil Maru*

Toba Brazil Maru KK, Toba

Erbaut für Osaka Shosen KK, Kobe

Bauwerft: Mitsubishi Heavy Industries, Kobe; Baunr. 858
10 100 BRT / 9 725 tdw / 155,4 m Länge ü.a. / 19,6 m Breite / Ein 10-Zyl.-Diesel; Mitsubishi / 6 618 kW (9 000 PSe) / 1 Schraube / 16,5 kn / 12 I. Klasse, 68 Touristenklasse, 902 III. Klasse

1954 6. April: Stapellauf.
10. Juli: Ablieferung.
Kobe–Buenos Aires-Dienst.
1963 Dezember: Fusion der Osaka Shosen KK mit der Mitsui Line zur Mitsui-O.S.K. Line.
1965 Umbau der Passagiereinrichtungen.
12 Kabinenklasse, 348 Touristenklasse.
10 216 BRT.
30. Oktober: Erste Reise Kobe–Südamerika–Nordamerika Westküste.
1973 6. März: In Kobe aufgelegt.
September: Eine Kreuzfahrt nach Shanghai, dann an die Toba Brazil Maru KK verkauft.
1974 Bei Mitsubishi in Kobe zum Museums- und Restaurantschiff umgebaut. In Toba, Ise-Bucht stationiert.
5. Juli: Offizielle Eröffnung.

TS *Azure Seas*

Admiral Cruises, Monrovia
ex ***Calypso I*** – 1980; ex ***Calypso*** – 1980

Erbaut als ***Southern Cross***
Shaw, Savill & Albion Co Ltd, Southampton

Bauwerft: Harland & Wolff, Belfast; Baunr. 1498
20 204 BRT / 7 005 tdw / 184,1 m Länge ü.a. / 23,9 m Breite / Zwei Satz Getriebeturbinen; Pametrada-H&W / 14 900 kW (20 000 PSw) / 2 Schrauben / 20 kn / 1 160 Touristenklasse

1954 17. August: Stapellauf.
1955 23. Februar: Ablieferung.
29. März: Jungfernreise im Rund-um-die-Welt-Dienst von Southampton.
1968 Mit 19 313 BRT vermessen.
1971 November: In Southampton aufgelegt.
1972 April: Weiter aufgelegt, jetzt im River Fal.
1973 Januar: An die Cia de Vap Ceruela SA in Ithaka verkauft.
Umbenannt ***Calypso***.
März: Ankunft in Piräus, wo das Schiff zum Cruise Liner umgebaut wird. 16 500 BRT.
1 000 Passagiere.
1975 25. April: Erste Mittelmeer-Kreuzfahrt ab Piräus.
1980 In ***Calypso I*** umbenannt. An die Eastern Steam Ship Lines in Panama verkauft. Neuer Name ***Azure Seas***.
1981 Für die Western Steam Ship Lines Inc, Panama, eingetragen. 14 673 BRT; 821 Passagiere.
1990 Für die Azure Seas Inc, Monrovia, registriert. 14 776 BRT.

Die *Fairsea* heißt inzwischen *Fair Princess*. (Foto: Michael D. J. Lennon)

Die *Azure Seas* 1984 vor Long Beach (Foto: Jürgen Scholz)

TS *Carnivale*

Carnival Cruise Lines Inc, Nassau
ex ***Queen Anna Maria*** - 1975

Erbaut als ***Empress of Britain***
Canadian Pacific Steamship Ltd, Liverpool

Bauwerft: Fairfield Shipbuilding & Engineering Co Ltd, Glasgow; Baunr. 731
25 516 BRT / 8 912 tdw / 195,1 m Länge ü.a. / 26,0 m Breite / Zwei Satz Getriebeturbinen; Pametrada-Fairfield / 22 400 kW (30 000 PSw) / 2 Schrauben / 20 kn / 160 I. Klasse, 894 Touristenklasse / Besatzung: 464
1955 22. Juni: Stapellauf.
1956 9.–10. März: Probefahrt.
20. April: Jungfernreise Liverpool–Montreal. Vorher hatte das Schiff zwei kleine Kreuzfahrten gemacht.
1964 Februar: An die Greek Line (Transoceanic Nav Corp) in Andros verkauft.
16. November: Übergabe.
18. November: Umbenannt in ***Queen Anna Maria***. Von November 1964 bis 6. März 1965 bei der Mariotti Werft in Genua umgebaut.
21 716 BRT. 168 Passagiere I. Klasse, 1 145 Touristenklasse. Auf Kreuzfahrten 741.
1965 24. März: Erste Reise Piräus–New York. Haifa–New York-Dienst. Kreuzfahrten.
1975 22. Januar: In Piräus aufgelegt.
Dezember: An die Carnival Cruise Lines Inc in Miami. Umbenannt ***Carnivale***.
1976 Februar: Erste Kreuzfahrt in der Karibik. Für die Fairweather Corp in Panama registriert. 18 952 BRT. 1 297 Passagiere.
1988 1 167 Passagiere.
1990 Juni: Heimathafen Nassau.

TS *Carnivale*. (Foto: H. J. Amberg)

TS ***Dolphin IV***

Ulysses Cruises Inc, Panama
ex ***Ithaca*** – 1978; ex ***Amelia de Mello*** – 1972

Erbaut als ***Zion***
Zim Israel Navigation Co Ltd, Haifa

Bauwerft: Deutsche Werft AG, Hamburg; Baunr. 691
9 831 BRT / 7 000 tdw / 152,8 m Länge ü.a. / 19,8 m Breite / Zwei Satz Getriebeturbinen; AEG / 7 720 kW (10 500 PSw) / 1 Schraube / 19 kn / 24 I. Klasse, 232 Touristenklasse, 56 wechselnd

1955 19. Juli: Stapellauf.
1956 12. Februar: Ablieferung.
19. Februar: Überführungsreise Hamburg–Haifa.
9. März: Jungfernreise im Liniendienst Haifa–New York.
1966 Als ***Amelia de Mello*** an die Soc Geral de Commercio, Lissabon, verkauft. Mit 10 195 BRT vermessen. Im Liniendienst zwischen Lissabon und den Kanarischen Inseln eingesetzt.
1971 7. August: In Lissabon aufgelegt.
1972 An die Cia Vapores Realma SA in Piräus verkauft. Umbenannt in ***Ithaca***.
9. Mai: Ankunft in Bilbao, wo das Schiff für Kreuzfahrten umgebaut wird. 780 Passagiere in einer Klasse. 8 977 BRT.
1973 Nach beendetem Umbau in Dienst gestellt. Kreuzfahrten im Mittelmeer.
1978 Nach Panama ausgeflaggt und in ***Dolphin IV*** umbenannt. Von Ulysses Line Ltd bereedert. Neue Vermessung: 6 695 BRT. 687 Passagiere.
1988 Im Lloyd's Register 1988/89 für Premier Cruise Line Ltd, Panama, eingetragen.
1990 Von Ulysses Cruises Inc, Panama, bereedert. 588 Passagiere.

Dolphin IV in neuen Farben. (Foto: Hans Jürgen Amberg)

TS ***Sun Ambassador***

Festival Shipping & Tourist Enterprises Ltd, Panama
ex ***Veracruz I*** – 1990; ex ***Freeport*** – 1976; ex ***Carnivale*** – 1975

Erbaut als ***Theodor Herzl***
Zim Israel Navigation Co Ltd, Haifa

Bauwerft: Deutsche Werft AG, Hamburg; Baunr. 697
9 914 BRT / 2 960 tdw / 148,7 m Länge ü.a. / 19,7 m Breite / Zwei Satz Getriebeturbinen; AEG / 9 430 kW (12 640 PSw) / 2 Schrauben / 20 kn / 120 I. Klasse, 450 Touristenklasse

1956 1. Oktober: Stapellauf als ***Theodor Herzl***.
1957 29. April: Ablieferung an die Zim Israel Navigation Co Ltd, Haifa. Haifa–Marseille-Dienst.
1969 November: An die New Horizons Shipping Co, Monrovia, verkauft. Umbenannt in ***Carnivale***. In Toulon aufgelegt.
1971 12. Mai: Ankunft in La Spezia, aufgelegt.
1975 Für Kreuzfahrten umgebaut und in ***Freeport*** umbenannt. 730 Passagiere.
1976 Auf dem US-Kreuzfahrtenmarkt eingesetzt. Neuer Name ***Veracruz I***.
1978 An die Freeport Cruise Lines, Panama. Mit 10 596 BRT vermessen.
1980 26. Mai: Erste Reise New York–Montreal in Charter der Strand Holidays Ltd.
1981 An die Marpan Two Inc, Panama. Vermessung wieder auf die ursprünglichen 9 914 BRT reduziert. Kreuzfahrten in der Karibik.
1985 An die Bahama Cruise Line Inc, Panama.
1987 An Bermuda Star Line Cruises Inc, Panama. 6 193 BRT.
Für Common Bros. Panama, registriert.
1989: Von der finnisch/schwedischen Reederei Effjohn International gechartert.
22. Dezember: In Nassau aufgelegt.
1990 November: Als ***Sun Ambassador*** an die Festival Shipping & Tourist Enterprises, registriert für Veracrouz Transportation Inc.
5. Dezember: Ab Bermuda nach Piräus.

Sun Ambassador als *Veracruz I*. (Foto: Sammlung Weirauch)

TS *Fairstar*

P & O Lines Ltd, Monrovia

Erbaut als ***Oxfordshire***
Bibby Line Ltd, Liverpool

Bauwerft: Fairfield Shipbuilding & Engineering Co Ltd, Glasgow; Baunr. 775
20 586 BRT / 8 500 tdw / 185,8 m Länge ü.a. / 23,8 m Breite / Zwei Satz Getriebeturbinen; Pametrada-Brown / 13 400 kW (18 000 PSw) / 2 Schrauben / 20 kn / 220 I. Klasse, 100 II. Klasse, 180 III. Kl, 1 000 Mann Truppen / Besatzung: 409

1955 15. Dezember: Stapellauf.
1957 13. Februar: Ablieferung. Die ***Oxfordshire*** wurde unter finanzieller Beteiligung des Ministry of Transport als Truppentransporter für den Einsatz zwischen dem britischen Mutterland und seinen überseeischen Besitzungen gebaut.
1962 Ende des Jahres löst die Regierung ihren Chartervertrag und stellt das Schiff der Bibby Line zur Verfügung.
1963 Für sechs Jahre an die Fairline Shipping Corp (Sitmar), Monrovia, verchartert.
20. Mai: Ankunft der ***Oxfordshire*** bei Wilton Fijenoord in Schiedam zum Umbau für den Australien-Dienst.
1964 März: Die Fairstar Shipping Corp, Monrovia, übernimmt das Schiff. Umbenannt ***Fairstar***.
April: Wegen Meinungsverschiedenheiten mit der Umbauwerft werden die restlichen Umbauarbeiten in Southampton durch Harland & Wolff ausgeführt.
Mai: Nach beendetem Umbau 21 619 BRT, 1 870 Passagiere in einer Klasse.
19. Mai: Erste Reise Southampton–Brisbane.

Die *Jin Jiang*.

1973 20. August: Erste Kreuzfahrt ab Sydney. Nur noch für Kreuzfahrten eingesetzt. 1 300 Passagiere.
1988 1. September: An P & O Line Ltd verkauft, in Monrovia registriert.

MS *Jin Jiang*

Shanghai Jin Jiang Shipping Corp Ltd, Shanghai

ex ***Mariposa*** – 1983

Bauwerft: Bethlehem Steel Co., Shipyard Div., Quincy Mass.; Baunr. 1624
14 812 BRT / 6 622 tdw / 171,8 m Länge ü.a. / 23,2 m Breite / Zwei Getriebeturbinen; Bethlehem / 14 400 kW (19 250 PSw) / 1 Schraube / 20 kn / 365 Passagiere / Besatzung: 274

1952 7. November: Stapellauf als C4-Frachter ***Pine Tree Mariner*** für die US Maritime Commission.
1953 3. April: Ablieferung. 9 217 BRT.
1955 An die Matson Navigation Co, San Franzisko, verkauft. Bei der Willamette Iron & Steel Corp in Portland, Oregon, zum Passagierschiff umgebaut. Neuer Name ***Mariposa***.
27. Oktober: Jungfernreise San Franzisko–Honolulu–Auckland–Sydney.
1971 Januar: An Pacific Far East Line Inc, San Franzisko, verkauft. Kreuzfahrten.
1978 7. April: In San Franzisko aufgelegt.
1979 An die World Airways Inc, San Franzisko, verkauft.
1980 7. November: Im Schlepp der holländischen ***Zwarte Zee*** nach Mihari, Ankunft dort 6. Januar.
1981. Aufgelegt.
1981 An die Pacific Far East Line zurück.
1983 Dezember: In Kobe an die China Ocean Shipping Co übergeben. Einbau neuer Maschinen. Zwei 16-Zyl.-Diesel von Pielstick-Ishikawajima, 10 600 kW (14 400 PSe) für 17 Knoten.
1984 In den Shanghai–Hongkong-Dienst eingestellt.

Die *Fairstar* in Sydney. (Foto: Sammlung Weirauch)

TS *Monterey*

Star Lauro SpA,
Panama

Bauwerft: Bethlehem Steel Co., Shipyard Div., Quincy Mass.;

Baunr. 4507
14 799 BRT / 6 558 tdw / 171,8 m Länge ü.a. / 23,2 m Breite / Zwei Getriebeturbinen; Bethlehem / 14 400 kW (19 250 PSw) / 1 Schraube / 20 kn / 365 Passagiere / Besatzung: 274

1952 29. Mai: Stapellauf als C4-Frachter ***Free State Mariner*** für die US Maritime Commission. 9 209 BRT.
8. Dezember: Ablieferung.
1955 An die Matson Navigation Co, San Franzisko, verkauft.
1956 In Portland, Oregon, bei der Willamette Iron & Steel Corp zum Passagierschiff umgebaut. Umbenannt ***Monterey***.
1957 8. Januar: Erste Reise San Franzisko–Honolulu Auckland–Sydney.
1971 Januar: An Pacific Far East Line Inc, San Franzisko, verkauft. Für Kreuzfahrten eingesetzt.
1978 19. Januar: In San Franzisko aufgelegt.
1979 An die World Airways Inc, San Franzisko, verkauft.
November: Übernahme durch die Royal Hawaiian Cruises. Für Hawaii-Kreuzfahrten vorgesehen, aber nicht realisiert.
Die Gulf Pacific Cruise Lines planen Charter-Kreuzfahrten von Galveston und New York, gleichfalls nicht ausgeführt.
1980 An die American Maritime Holdings Inc, San Franzisko.
Weiter aufgelegt.
1986 24. Juni: Nach Portland, Oregon, geschleppt. Dort Überholungsarbeiten.
1987 An Aloha Pacific Cruises Inc, Alexandria (Washington D.C.) verkauft. Registriert für American Maritime Holdings Inc. Umbauarbeiten im Rumpf- und Aufbaubereich bei Tacoma Boatbuilding Co.
Dezember: Schleppreise nach Turku.
Umbau der Inneneinrichtung bei der Wärtsilä Werft.
661 Passagiere. Besatzung 277.
1988 21. Juli: Überführungsreise ab Turku. Anschließend Einbau von Stabilisatoren bei Bethlehem Steel Corp. in Baltimore.
25. August: Überführungsreise ab Baltimore.
15. September: Ankunft in San Franzisko zur offiziellen Wiederindienststellung.
Pazifik-Kreuzfahrten.
1989 7. Februar: Die Reederei meldet Konkurs an.
13. Mai: In Honolulu aufgelegt.
1990 16. März: Von der Connecticut Bank & Trust Co ersteigert und an die Coral Cruise Lines, New York, verkauft.
Weiterveräußert an die Mediterranean Shipping Co SA, Panama, von Star Lauro bereedert.

Die *Aquarama* 1988 in Sarnia, Ontario. (Foto: Sammlung Weirauch)

TS *Aquarama*

SS Aquarama Inc, Ontario

Bauwerft: Sun Shipbuilding, Chester;
Baunr. 357
12 773 BRT / 151,4 m Länge ü.a. / 21,8 m Breite / Zwei Getriebeturbinen; General Electric / 7 400 kW (9 900 PSw) / 1 Schraube / 19 kn / 2 500 Passagiere / Besatzung: 190 / 165 PKW

1945 Juli: Fertigstellung als C4-Frachter ***Marine Star*** für die US Maritime Commision. 10 780 BRT.
1952 An die Sand Products Corp in Wilmington verkauft. Bei Todd in Brooklyn und bei der West Michigan Dock & Market Corp zum Fährschiff umgebaut.
1955 September: Nach Beendigung des Umbaus als ***Aquarama*** in Dienst gestellt.
1956 Frühjahr: Erste Fahrt auf der Route Detroit–Cleveland auf dem Eriesee.
1977 Aus der Fahrt genommen und aufgelegt.
1987 An SS Aquarama Inc, Ontario, für den Einsatz als schwimmendes Kongress-Zentrum verkauft.

Seit ihrem letzten Umbau hat die Monterey dieses „Flugzeugträgerheck".
(Foto: Hans Jürgen Amberg)

MS *Regent Sea*

Regency Cruises, Nassau
ex ***Samantha*** – 1984; ex ***Navarino*** – 1983

Erbaut als ***Gripsholm***
Svenska Amerika Linjen A/B, Göteborg

Bauwerft: Ansaldo SpA, Setri-Ponente, Genua; Baunr. 1500
23 191 BRT / 4 900 tdw / 192,4 m Länge ü.a. / 24,9 m Breite / Zwei 9-Zyl.-Diesel; Götaverken / 12 100 kW (16 200 PSe) / 2 Schrauben / 18 kn / 150 I. Klasse, 692 Touristenklasse / Besatzung: 364

1956 8. April: Stapellauf.
1957 April: Fertigstellung.
14. Mai: Jungfernreise Göteborg–New York.
1966 23 216 BRT.
1972 22 725 BRT. Überwiegend für Kreuzfahrten eingesetzt.
1975 November: An Michael A. Karageorgis in Piräus verkauft. Umbenannt ***Navarino***. Für die Nautilus Armadora SA eingetragen.
1976 22. Mai: Nach Überholung erste Kreuzfahrt ab Venedig ins Mittelmeer.
17 392 BRT. 650 Passagiere. Weltweite Kreuzfahrt.
1981 8. August: Vor Patmos auf Grund gelaufen und schwer beschädigt.
24. Oktober: An die Sally Shipping, Bad Schwartau, verkauft.
Nach Reparatur ist der Einsatz für die Commodore Cruises vorgesehen.
29. Oktober: Auf der Reise von Piräus nach Skaramanga, wo das Schiff für den neuen Eigner überholt werden soll, zerstört ein Brand Teile der Passagiereinrichtungen.
26. November: Das Schwimmdock, in dem die ***Navarino*** liegt, bekommt 35° Schlagseite. Das Schiff wird so schwer beschädigt, daß es als Totalverlust angesehen wird.
1982 13. Mai: Nach schwierigen Bergungsarbeiten gelingt es der Neptun-Gruppe in Zusammenarbeit mit Vernicos, die ***Navarino*** auszudocken. Die Sally-Gruppe tritt von ihrem Kauf zurück.

Die *Regent Sea* in arktischen Gewässern. (Foto: Steffen Weirauch)

1983 Juni: In La Spezia aufgelegt. An die Multiship Italia SrL in Rom verkauft. Neuer Name ***Samantha***.
1984 Ankauf durch Antonios Lelakis, Piräus.
13. Oktober: Ankunft in Piräus, wo das Schiff bei der Eleusis Werft und in Perama repariert wird. Umbenannt in ***Regent Sea***.
1985 November: Kreuzfahrten in Regie der Regent Sea Cruises auf dem US-Markt. Registriert ist die ***Regent Sea*** in Panama für die Universal Glow Inc. 15 294 BRT.
650 Passagiere.
1987 Für Ridan Investment Trust Inc, Panama, eingetragen.
1990 Für Lujo Cruise SA, Nassau, registriert.
20. August: Während einer Rettungsübung kommen bei einem Bootsunfall zwei Besatzungsmitglieder ums Leben.

MS *Regent Star*

Regency Cruises, Nassau
ex ***Rhapsody*** – 1986

Erbaut als ***Statendam***
Holland Amerika Lijn NV, Rotterdam

Bauwerft: Wilton Fijenoord NV, Schiedam; Baunr. 753
24 294 BRT / 6 760 tdw / 195,8 m Länge ü.a. / 24,0 m Breite / Zwei Satz Getriebeturbinen; Bauwerft / 16 400 kW (22 000 PSw) / 2 Schrauben / 19 kn / 84 I. Klasse, 867 Touristenklasse / Besatzung: 437

1956 12. Juni: Ohne Namensgebung im Baudock aufgeschwommen.
15. Dezember: Probefahrt. Das Schiff muß wegen eines Maschinenschadens an die Werft zurückgeschleppt werden.
1957 23. Januar: Auf der Übergabefahrt auf den Namen ***Statendam*** getauft.
6. Februar: Jungfernreise Rotterdam–New York.

Regent Star im Oktober 1986 in Perama. (Foto: Steffen Weirauch)

1966 Fast nur noch für Kreuzfahrten eingesetzt.
1973 In Willemstad für die NV Statendam eingetragen. Kreuzfahrten von US-Häfen. 24 214 BRT.
1981 Auf die Holland America Cruises übertragen.
1982 Oktober: An Artus Investors Inc, Panama, und in ***Rhapsody*** umbenannt. Von der Paquet Cruises Inc bereedert, weiter Kreuzfahrten von nordamerikanischen Häfen. 650 Passagiere, 24 413 BRT.
1984 28. März: Vor Georgetown, Grand Cayman, auf Grund gelaufen.
31. März: Die Passagiere werden von Bord gebracht und alle Reisen des Schiffes bis Oktober 1984 abgesagt.
15. Juni: Die ***Rhapsody*** wird geborgen und nach Galveston überführt.
September: Wieder Kreuzfahrten ab Port Everglades. Für die Artus Investment Inc in Nassau registriert.
1986 Mai: Antonios Lelakis kauft das Schiff für seine Regent Cruises Inc.
17. Juli: Umbaubeginn zum Motorschiff in Perama.
1987 Die Turbinenanlage wird durch Dieselmotoren ersetzt. Zwei 16-Zyl.-und zwei 12-Zyl.-Diesel mit Getriebe; Pielstick-Wärtsilä. 16 175 kW (22 000 PSe). 850 Passagiere.
1987 26. Juli: Erste Reise nach Umbau ab Montego Bay, Jamaica.
1990 Für World Pioneer SA, registriert. 24 413 BRT.

TS ***Ausonia***

Ausonia Crociere SpA, Neapel

Erbaut für die Adriatica SpA di Navigazione, Venedig

Bauwerft: Cantieri Riuniti dell'Adriatico, Monfalcone; Baunr. 1821
11 879 BRT / 3 416 tdw / 159,3 m Länge ü.a. / 21,2 m Breite / Zwei Satz Getriebeturbinen; Bauwerft / 13 000 kW (17 400 PSw) / 2 Schrauben / 20,7 kn / 185 I. Klasse, 135 II. Klasse, 252 III. Klasse / Besatzung: 215

1956 5. August: Stapellauf.
1957 23. September: Ablieferung.
Im Liniendienst Triest–Beirut eingesetzt.
1978/1979 Beim Arsenal Triestino, San Marco SpA, für Kreuzfahrten umgebaut. 690 Passagiere. Von der Italia Crociere Internazional bereedert.
1983 Für die Ausonia Crociere SpA in Neapel eingetragen.
1984 Umbau im achteren Aufbaubereich. 11 921 BRT. 750 Passagiere.
1985 September: Mit 12 268 BRT vermessen.
1985 Während des Winters 1985/86 in Palermo im vorderen Aufbaubereich umgebaut.
1988 Mit 12 609 BRT vermessen.

Mermoz

siehe Farbteil Seite 100

TS ***Shanghai***

Shanghai Hai Xing Shipping Co, Shanghai
ex ***Kengshin***; ex ***Cathay*** – 1976

Erbaut als ***Baudouinville***
Cie Maritime Belge (Lloyd Royal) SA, Antwerpen

Bauwerft: SA Cockerill-Ougrée, Hoboken, Antwerpen; Baunr. 778
13 922 BRT / 10 612 tdw / 170,0 m Länge ü.a. / 21,4 m Breite / Zwei Getriebeturbinen; Cockerill / 9 300 kW (12 500 PSw) / 1 Schraube / 16,5 kn / 300 Passagiere / Besatzung: 196

1957 10. Januar: Stapellauf.
17.–19. Oktober: Probefahrt.
2. November: Jungfernreise Antwerpen–Matadi.
1961 Januar: An die P & O Line, London. Umbenannt ***Cathay***.
Jetzt 231 Passagiere in einer Klasse. 13 809 BRT.
14. April: Erste Reise London–Yokohama.
1969 Mit 13 521 BRT vermessen.
1970 Auf die Eastern & Australian SS Co, London übertragen.
Zwischen Ostasien und Australien eingesetzt.
1976 An die Volksrepublik China verkauft. Umbenannt ***Kengshin***, später ***Shanghai***.
1979 Dienst von chinesischen Häfen nach Hongkong.
1984 Für die Haixing Shipping Co, Shanghai, eingetragen.
13 333 BRT. Shanghai–Hongkong-Dienst.

Die *Ausonia* in Genua. (Foto: Frank Heine)

Seabreeze I **siehe Farbteil Seite 101.**

TS *Pacific Sun*

Coral Cruise Line, New York

Erbaut als ***Santa Rosa***
Grace Line Inc, New York

Bauwerft: Newport News SB & DD Co.; Baunr. 521
11 353 BRT / 8 853 tdw / 177,9 m Länge ü.a. / 25,6 m Breite / Zwei Satz Getriebeturbinen; General Electric / 16 400 kW (22 000 PSw) / 2 Schrauben / 20 kn / 300 Passagiere / Besatzung: 246

1957 28. August: Stapellauf.
1958 12. Juni: Ablieferung. 15 371 BRT. New York–Mittelamerika-Dienst.
1959 26. März: 22 sm vor Atlantic City, N.J., kollidiert die ***Santa Rosa*** mit dem US-Tanker ***Valchem***. Beide Schiffe werden schwer beschädigt. Auf dem Tanker gibt es einen Toten. Das Vorschiff der ***Santa Rosa*** brennt aus.
1967 11 353 BRT.
1970 Die Grace Line fusioniert mit Prudential Lines zur Prudential Grace Inc. Die neue Reederei führt die Prudential-Schornsteinmarke.
1971 22. Januar: In Hampton Roads aufgelegt.
1975 An das US-Department of Commerce übergeben.
1976 An die Vintero Corp, New York, verkauft. Weiter aufgelegt.
1989 An Coral Cruise Line, New York.
19. Dezember: Im Schlepp von ***Zamtug IV*** aus Baltimore ausgelaufen.
1990 März: Ankunft in Chalkis, Griechenland, wo das Schiff umgebaut und modernisiert wird.
1991 Umbenannt ***Pacific Sun***, ursprünglich war als neuer Name ***Diamond Island*** geplant.
Kreuzfahrten an der amerikanischen Westküste.

Die ehemalige *Santa Rosa* soll 1991 als *Pacific Sun* in Fahrt kommen. (Foto: Dan Dorgan)

Ramada Al Salem Hotel

National Hotel & Tourist Co, Kuwait
ex ***Kuwait Mariott Hotel***;
ex ***Stella Polaris*** – 1978

Erbaut als ***Santa Paula***
Grace Line Inc, New York

Bauwerft: Newport News Shipbuilding Co., Newport News, Va.; Baunr. 522
15 366 BRT / 8 684 tdw / 177,9 m Länge ü.a. / 25,6 m Breite / Zwei Satz Getriebeturbinen; General Electric / 16 400 kW (22 000 PSw) / 2 Schrauben / 20 kn / 300 I. Klasse / Besatzung: 246

1958 9. Januar: Stapellauf.
9. Oktober: Ablieferung.
New York–Mittelamerika-Dienst.
1967 11 353 BRT.
1970 Fusion von Grace und Prudential zur Prudential-Grace Lines Inc.
1971 16. Januar: In Hampton Roads aufgelegt.
1972 An die Oceanic Sun Line Special Shipping Co Inc, Piräus, verkauft. Umbenannt ***Stella Polaris***.
11. Dezember: Ankunft in Piräus, Umbau zum Cruise Liner geplant.
1976 Für die National Hotel & Tourist Co, Kuwait, in Perama zum Hotelschiff umgebaut.
1978 24. September: Nach weiteren Umbauten in Rijeka in Kuwait angekommen.
17. Oktober: Am Liegeplatz des Schiffes wird mit dem Aufhöhen des Hafengrundes begonnen. Der Rumpf liegt schließlich fest auf Grund.
1980 1.Februar: Eröffnung als ***Kuwait Mariott Hotel***.
Ende der 80er Jahre in ***Ramada Al Salem Hotel*** umbenannt.

Dient heute als Hotelschiff *Ramada al Salem Hotel*. (Foto: Alex Duncan)

TS *Universe*

Island Navigation Corp. International Ltd, Monrovia
ex ***Universe Campus*** – 1976

In Dienst als ***Atlantic***
American Banner Lines, New York

Bauwerft: Sun SB & DD Co., Chester; Baunr. 586
14 138 BRT / 5 182 tdw / 171,8 m Länge ü.a. / 23,2 m Breite / Zwei Getriebeturbinen; General Electric / 14 350 kW (19 250 PSw) / 1 Schraube / 20 kn / 40 I. Klasse, 860 Touristenklasse / Besatzung: 320

1953 1. Juli: Stapellauf als C4-Frachter ***Badger Mariner*** für die US Maritime Commision.
29. Oktober: Ablieferung. 9 214 BRT.
1957 An die American Banner Lines, New York, verkauft. Bei der Ingalls SB Corp in Pascagoula zum Passagierschiff umgebaut. Neuer Name ***Atlantic***.
1958 11. Juni: Erste Reise New York–Amsterdam.
1959 Oktober: An die American Export Lines, New York. Umbau für den Mittelmeer-Dienst bei der Sun Shipbuilding in Chester.
1960 16. Mai: Erste Reise New York–Haifa.
1965 April: Jetzt 840 Passagiere in einer Klasse.
1967 13. Oktober: In New York, ab März 1969 in Baltimore aufgelegt.
1971 An die Tung-Gruppe verkauft. Umbenannt in ***Universe Campus***. Für die Seawise Foundation Inc in Monrovia registriert.
13 950 BRT, 880 Passagiere.
4. September: Erste Kreuzfahrt von Los Angeles.
1976 Umbenannt in ***Universe***.
1984 Passagiereinrichtungen jetzt für 554 Fahrgäste.
1990 Von Island Navigation Corp. International Ltd, Monrovia, bereedert.

Die *Enchanted Isle* auf einer Kanada-Kreuzfahrt. (Foto: Commodore Cruise Line)

Die *Universe* 1978 in Singapur. (Foto: Sammlung Weirauch)

Enchanted Seas mit der neuen Schornsteinmarke der Commodore Cruise Line. (Foto: Commodore Cruise Line)

TS *Enchanted Seas*

Commodore Cruise Line, Panama

ex ***Queen of Bermuda*** – 1990; ex ***Canada Star*** – 1988; ex ***Liberté*** – 1987; ex ***Island Sun*** – 1985; ex ***Volendam*** – 1984; ex ***Monarch Sun*** – 1978; ex ***Volendam*** – 1975

Erbaut als ***Brasil***
Moore-McCormack Lines Inc, New York

Bauwerft: Ingalls Shipbuilding Corp, Pascagoula, Mississippi; Baunr. 467
14 981 BRT / 8 706 tdw / 188,2 m Länge ü.a. / 25,6 m Breite / Zwei Satz Getriebeturbinen; General Electric / 26 250 kW (35 000 PSw) / 2 Schrauben / 24 kn / 553 I. Klasse / Besatzung: 401

1957 16. Dezember: Stapellauf.
1958 5. September: Ablieferung.
12. September: Jungfernreise New York–Buenos Aires.
1963 Umbau bei Bethlehem in Baltimore. 15 257 BRT.
1969 5. September: In Baltimore aufgelegt.
1971 April: An die Holland Amerika Lijn verkauft.
1972 Übergabe. Umbenannt ***Volendam***.
18. August: Ankunft in Bremerhaven, Umbau bei Hapag-Lloyd Werft. Für Cruiseship NV, Willemstad, registriert.
1973 Februar: Zum weiteren Umbau nach Rotterdam.
April: Indienststellung als Cruise Liner. 23 395 BRT.
1974 6. Januar: In Hampton Roads aufgelegt.
1975 August: Für eine zwei-Jahres-Charter an die Monarch Cruise, umbenannt ***Monarch Sun***. Karibik-Kreuzfahrten.
1976 Die Holland Amerika Lijn kauft die Monarch Cruise Line Inc. Das Schiff wird jetzt unter Panama-Flagge gebracht. 15 631 BRT.
1977 Auf die NV Volendam, Panama, übertragen und in ***Volendam*** umbenannt. 15 334 BRT.
1982 Für die Holland America Cruise Inc in Willemstad eingetragen und mit 23 858 BRT vermessen. Kreuzfahrten von US-Häfen. 19 000 kW, 21 Knoten.
1983 An die Banstead Shipping Ltd, Panama, verkauft.
1984 In ***Island Sun*** umbenannt. Kreuzfahrten von US- Häfen. 13 680 BRT.
1985 Von Banstead auf die American Hawaii Cruises übertragen und in ***Liberté*** umbenannt.
Dezember: Nach Grundüberholung erste Kreuzfahrt Papeete–Tahiti.
1987 Wegen finanzieller Schwierigkeiten von den Gläubigern der American Hawaii Cruises an die Bermuda Star Line verkauft.
1988 Umbenannt ***Canada Star***.
Juni: Umbenannt ***Queen of Bermuda***.
11. Juni: Erste Kreuzfahrt ab Philadelphia.
1990 Für Brasil Caribbean Shipping Co Inc registriert, von Bermuda Star Line Cruises Inc, Panama, bereedert. 715 Passagiere.
Die Bermuda Star Line wird von Commodore Cruises übernommen.
November: In ***Enchanted Seas*** umbenannt; ursprünglich war der Name ***Enchanted Odyssey*** vorgesehen.

TS *Enchanted Isle*

Commodore Cruise Line, Panama

ex ***Bermuda Star*** – 1990; ex ***Veendam*** – 1984; ex ***Monarch Star*** 1978; ex ***Veendam*** – 1976; ex ***Brasil*** – 1975; ex ***Veendam*** – 1974

Erbaut als ***Argentina***
Moore-McCormack Lines Inc, New York

Bauwerft: Ingalls Shipbuilding Corp, Pascagoula, Mississippi; Baunr. 468
14 984 BRT / 8 552 tdw / 188,2 m Länge ü.a. / 25,6 m Breite / Zwei Satz Getriebeturbinen; General Electric / 26 250 kW (35 000 PSw) / 2 Schrauben / 24 kn / 553 I. Klasse / Besatzung: 401

1958 12. März: Stapellauf.
9. Dezember: Ablieferung.
12. Dezember: Jungfernreise New York–Buenos Aires.
1963 Bei Bethlehem Steel in Baltimore umgebaut. 15 257 BRT.
1971 April: An die Holland Amerika Lijn verkauft.
1972 Übergabe. Umbenannt ***Veendam***.
8. September: Ankunft in Bremerhaven, Umbau bei der Werft der Hapag-Lloyd AG. In Willemstad für Cruiseship NV registriert.
1973 März: Zum weiteren Umbau nach Rotterdam.
17. Juni: Mit einer Reise Rotterdam–New York als Cruise Liner in Dienst gestellt. 23 372 BRT. 671 Passagiere.
1974 14. Mai: In Hampton Roads aufgelegt.
15. Dezember: An Agence Maritime International verchartert.
Umbenannt ***Brasil***. Kreuzfahrten ab Rio de Janeiro.
1975 April: Ende der Charter, umbenannt ***Veendam***. Karibik-Kreuzfahrten.
1976 Für die Tochtergesellschaft Monarch Cruises in Panama registriert. Umbenannt ***Monarch Star***. 15 632 BRT.
1978 In ***Veendam*** umbenannt und für die Holland-Amerika- Lijn in Panama registriert.
1981 Auf die Holland America Cruise Inc in Willemstad übertragen und mit 23 819 BRT vermessen. Kreuzfahrten von US-Häfen.
1983 An die Billinghurst Shipping Ltd, Panama, verkauft.
1984 Mai: In ***Bermuda Star*** umbenannt und von der Island Navigation Corp für Kreuzfahrten von US-Häfen eingesetzt. 14 208 BRT.
1989: Für Argentina Caribbean Shipping Co Inc, Panama, registriert, von Bermuda Star Line bereedert.
1990 Die Bermuda Star Line wird von Commodore Cruises übernommen.
September: In ***Enchanted Isle*** umbenannt.

MS ***Hai Xing***

Shanghai Hai Xing Shipping Co, Shanghai

ex ***Yu Hua*** – 1981; ex ***Niew Holland*** – 1974

Erbaut als ***Randfontein***
NV Vereenigde Nederl. Scheepv. Maats, 's-Gravenhage

Bauwerft: Wilton Fijenoord NV, Schiedam; Baunr. 760
13 694 BRT / 11 954 tdw / 178,2 m Länge ü.a. / 21,4 m Breite / Zwei 6-Zyl.-Diesel; MAN-Bauwerft / 11 500 kW (15 400 PSe) / 2 Schrauben / 18 kn / 123 I. Klasse, 166 Touristenklasse

1958 28. Juni: Im Baudock aufgeschwommen.
24. November: Taufe auf den Namen ***Randfontein*** und Ablieferung.
1959 6. Januar: Jungfernreise im Dienst Hamburg–Laurenço Marques.
1971 Juli: An Koninklijke Java-China Paketvaart Lijnen, Amsterdam, verkauft. August: Umbenannt ***Nieuw Holland***. Einsatz im Dienst zwischen Japan und Australien. 13 568 BRT.
1974 An die Volksrepublik China verkauft. Heimathafen Canton.
1975 Umbenannt ***Yu Hua***.
China–Afrika-Dienst, später China–Hongkong.
1981 Umbenannt in ***Hai Xing***. Für die Shanghai Hai Xing Shipping Co, Shanghai, registriert. Shanghai–Hongkong-Dienst. 297 Passagiere.
1983 12 191 BRT.

TS ***Rotterdam***

Holland America Line Inc, Willemstad

Erbaut für die Holland Amerika Lijn NV, Rotterdam

Bauwerft: Rotterdamsche Droogdok My NV; Baunr. 300
38 645 BRT / 7 801 tdw / 228,2 m Länge ü.a. / 28,7 m Breite / Zwei Satz Getriebeturbinen; De Schelde / 28 700 kW (38 500 PSw) / 2 Schrauben / 21,5 kn / 665 I. Klasse, 801 Touristenklasse / Besatzung: 776

1958 13. September: Stapellauf für die Holland Amerika Lijn NV, Rotterdam.
1959 12. Juli: Erste Probefahrt.
3. September: Jungfernreise Rotterdam–New York.
1968 Mit 37 783 BRT vermessen.
1969 Nur noch für Kreuzfahrten eingesetzt. 1 499 Passagiere.
1973 In Willemstad für die NV Rotterdam registriert.
1977 Passagiereinrichtungen jetzt auf 1 114 Fahrgäste reduziert.
1989 Die Holland America Line wird von Carnival Cruise Lines übernommen, der Reedereiname wird beibehalten.
1990 38 644 BRT.

TS ***Margarita L***

Santa Marianna Shipping & Trading Corp SA, Panama

Erbaut als ***Windsor Castle***
Union-Castle Mail Steamship Co Ltd, London

Bauwerft: Cammell Laird & Co. Ltd, Birkenhead; Baunr. 1287
37 640 BRT / 16 252 tdw / 238,7 m Länge ü.a. / 28,2 m Breite / Zwei Satz Getriebeturbinen; Pametrada-Bauwerft / 36 350 kW (49 400 PSw) / 2 Schrauben / 22,5 kn / 191 I. Klasse, 591 Touristenklasse / Besatzung: 475

1959 23. Juni: Stapellauf.
1960 Juni: Fertigstellung.
18. August: Jungfernreise im Liniendienst Southampton–Durban.
1967 Mit 36 123 BRT vermessen.
1972 36 277 BRT.
1977 An die zur Latsis-Gruppe gehörende Mar Shipping & Trading Corp, Panama, verkauft. Umbenannt in ***Margarita L***.
9. Oktober: Ankunft in Piräus, wo mit dem Umbau zum schwimmenden Luxushotel begonnen wird.
1979 11. Januar: In Djeddah stationiert. 25 697 BRT. 852 Betten.
1984 Für die Santa Marianna Shipping & Trading Corp SA, Panama, eingetragen.

Die *Hai Xing* in Hongkong. (Foto: Jürgen Scholz)

Als Hotelschiff dient die *Margarita L*. (Foto: Sammlung Weirauch)

Die *Rotterdam* beim Anlegemanöver. (Foto: H. J. Amberg)

TS ***Savannah***

Museumsschiff in Charleston, South Carolina

Erbaut für die States Marine Lines, Savannah

Bauwerft: New York Shipbuilding Co, Camden; Baunr. 529
13 599 BRT / 181,5 m Länge ü.a. / 23,8 m Breite / Zwei De-Laval-Getriebeturbinen / 16 176 kW (22 000 PSw) / 1 Schraube / 21 kn / 60 Passagiere / Besatzung: 110

1959 21. Juli: Stapellauf.
1961 Dezember: Fertigstellung. Die von der Marine Administration des US Department of Commerce in Auftrag gegebene ***Savannah*** ist das erste durch Atomkraft angetriebene Handelsschiff der Welt. Ein Babcock & Wilcox-Reaktor liefert die Energie für die Dampferzeugung. Bis Ende April 1962 Erprobungen.
1962 1. Mai: Ablieferung. Die Bereederung wird den States Marines Lines übertragen. 20. August: Jungfernreise Yorktown, Va.,–Savannah. Dann für weltweite Demonstrations- und Versuchsfahrten eingesetzt.
1964 Die ***Savannah*** wird jetzt überwiegend zwischen den USA und Mittelmeerhäfen eingesetzt. 15 585 BRT.
1965 20. August: Die First Atomic Ship Transport Inc der American Export Isbrandtsen Lines übernimmt die Bereederung des Schiffes. Weiter im USA–Mittelmeer-Dienst eingesetzt, jedoch ohne Passagierbeförderung.
1972 10. Januar: In Savannah aufgelegt.
1981 Als Museumsschiff am Patriot Point in Charleston, S.C., eröffnet.

Die *Savannah* 1964 im Hamburger Hafen. (Foto: Arnold Kludas)

TS *Oriana*

Touristenzentrum der Daiwa House Group

Erbaut für die Orient Steam Navigation Co Ltd, London

Bauwerft: Vickers Armstrong Ltd, Barrow-in-Furness; Baunr. 1061
41 915 BRT / 13 483 tdw / 245,1 m Länge ü.a. / 29,6 m Breite / Zwei Satz Getriebeturbinen; Pametrada-Bauwerft / 59 700 kW (80 000 PSw) / 2 Schrauben / 27,5 kn / 638 I. Klasse, 1 496 Touristenklasse / Besatzung: 903

1959 3. November: Stapellauf.
1960 13. November: Probefahrt.
3. Dezember: Jungfernreise im Liniendienst Southampton–Sydney–Auckland–US-Westküste–Panamakanal–Southampton.
Auch für Kreuzfahrten eingesetzt.
1960 2. Mai: P & O Lines und Orient Line vereinigen sich zur P & O-Orient Lines (Passenger Services) Ltd.
1965 Die P & O Line erwirbt die Aktien der Orient Line. Reedereiname jetzt P & O Steam Navigation Co.
1973 Nur noch für Kreuzfahrten eingesetzt.
1980 41 920 BRT.
1986 An die Daiwa House Group in Japan verkauft.
1987 Die ***Oriana*** wird Touristik-Zentrum in der Beppu Bay auf den Kyushu-Inseln.

TS *Canberra*

P & O Lines Ltd, London

Bauwerft: Harland & Wolff, Belfast; Baunr. 1621
45 720 BRT / 9 910 tdw / 249,5 m Länge ü.a. / 31,1 m Breite / Zwei Turbinen, über zwei Generatoren mit zwei Elektromotoren verbunden; British Thomson Houston / 65 800 kW (88 200 PSw) / 2 Schrauben / 27,5 kn / 538 I. Klasse, 1 650 Touristenklasse / Besatzung: 900

1960 16. März: Stapellauf.
1961 18. Mai: Probefahrt.
19. Mai: Ablieferung.
2. Juni: Jungfernreise Southampton–Sydney–Auckland–US-Westküste–Panamakanal–Southampton. Daneben Kreuzfahrten.
1962 Mit 45 733 BRT vermessen.
1963 Januar: Auf der Reise nach Australien fallen nach einem Brand im Maschinenraum die Hauptmaschinen aus. Die ***Canberra*** wird von dem P & O Liner ***Stratheden*** in Schlepp genommen, kann aber nach 12 Stunden wieder mit eigener Kraft fahren und läuft Malta als Nothafen an. Die 1 200 Fahrgäste werden nach Australien geflogen.
1968 Mit 44 807 BRT vermessen.
1973 Nur noch für Kreuzfahrten eingesetzt. 1 702 Passagiere.
1982 9. April: Ab Southampton als Truppentransporter nach den Falkland-Inseln.
11. Juli: Nach Beendigung des Falklandkonflikts in Southampton eingelaufen.
September: Nach Überholung wieder Kreuzfahrten.

Einen unglücklichen Start hatte die *Vasco da Gama*, deren Antriebsanlage sich nach der langen Aufliegezeit als anfällig erwies. (Foto: Peter Voß)

TS *Vasco da Gama*

Trans World Cruises, Panama

Erbaut als ***Infante Dom Henrique***
Cia Colonial de Navegaçâo, Lissabon

Bauwerft: SA Cockerill-Ougrée, Hoboken, Antwerpen; Baunr. 814
23 306 BRT / 11 358 tdw / 195,6 m Länge ü.a. / 24,5 m Breite / Vier Getriebeturbinen; Westinghouse-Bauwerft / 16 182 kW (22 000 PSw) / 2 Schrauben / 21 kn / 156 I. Klasse, 862 Touristenklasse / Besatzung: 320

1960 29. April: Stapellauf.
1961 September: Fertigstellung. Lissabon–Beira-Dienst.
1974 Änderung des Reedereinamens durch Fusion mit der Carregadores Acoreanos und der Empresa Insulana in Cia Portuguesa de Transportes Maritimos.
1976 3. Januar: In Lissabon aufgelegt.
1977 25. November: An Gabinete da Area de Sines verkauft. Als Hotelschiff in Sines hinter einen Schutzwall gelegt.
1986 5. November: An die Star Sea SpA SA, Panama, verkauft.
Nach einer Überholung in Lissabon für Kreuzfahrten in der Karibik vorgesehen.
Überholungs- und Umbauarbeiten in Piräus.
1988 Umbenannt ***Vasco da Gama***.
Die ab September geplanten ersten Kreuzfahrten finden nicht statt, weil der Umbau nicht termingerecht abgeschlossen werden kann.
November: Nach beendetem Umbau 16 063 BRT, 660 Passagiere. Von Trans World Cruises, Panama bereedert.
4. Dezember: Nach einer kurzen Nordafrika-Kreuzfahrt Ankunft in Lissabon, wo bei einem Werftaufenthalt Feuer im Maschinenraum ausbricht.
Schleppreise zur Reparatur nach Bremerhaven.
27. Dezember: Kreuzfahrt ab Lissabon nach den Kanarischen Inseln.
1989 5. Juni: Kurz nach dem Auslaufen zu einer Nordlandkreuzfahrt mußte das Schiff nach Bremerhaven zurückkehren, um Reparaturarbeiten am Kessel durchführen zu lassen.
22. Dezember: Im Hafen von Genua kollidiert die ***Vasco da Gama*** mit dem Frachter ***Isla Baltra***, was zwar nur geringen Sachschaden zur Folge hat, für den Reiseveranstalter NUR jedoch der Auslöser für die umgehende Kündigung des Chartervertrages zum 6. Januar 1990 ist.

Die *Oriana* 1986 in Sakai, wo sie zum Touristenzentrum umgebaut wird. (Foto: Yoshitatsu Fukawa)

Die *Canberra* an der Lloydwerft in Bremerhaven. (Foto: Peter Voß)

TS ***Mardi Gras***

Carnival Cruise Lines Inc, Nassau

Erbaut als ***Empress of Canada***
Canadian Pacific Steamships Ltd, Liverpool

Bauwerft: Vickers Armstrong Ltd, Newcastle; Baunr. 171
27284 BRT / 9400 tdw / 198,1 m Länge ü.a. / 26,5 m Breite / Zwei Satz Getriebeturbinen; Pametrada-Bauwerft / 22400 kW (30000 PSw) / 2 Schrauben / 20 kn / 192 I. Klasse, 856 Touristenklasse / Besatzung: 470

1960 10. Mai: Stapellauf.
1961 7. März: Probefahrt.
24. April: Jungfernreise Liverpool–Montreal.
1972 Januar: An die Carnival Cruise Lines Inc, Panama verkauft. Umbenannt in ***Mardi Gras***. Mit 18261 BRT vermessen.
1240 Passagiere.
26. Februar: Überführungsfahrt ab Tilbury nach Miami. Dann Kreuzfahrten ab Miami.
1990 Heimathafen Nassau.

TS ***Norway***

Kloster Cruise Ltd, Nassau

Erbaut als ***France***
Cie Générale Transatlantique, Le Havre

Bauwerft: Chantiers de l'Atlantique, St. Nazaire; Baunr. G19
66343 BRT / 13740 tdw / 315,5 m Länge ü.a. / 33,7 m Breite / Acht Getriebeturbinen; CEM-Parsons-Bauwerft / 118000 kW (160000 PSw) / 4 Schrauben / 31 kn / 407 I. Klasse, 1637 Touristenklasse / Besatzung: 1044

1960 11. Mai: Stapellauf.
1961 19. November: Erste Probefahrt.
1962 19. Januar: Kreuzfahrt Le Havre–Kanarische Inseln.
3. Februar: Jungfernreise Le Havre–New York. Daneben Kreuzfahrten.
1974 Juli: Nachdem die französische Regierung erklärt hat, künftig keine Subventionen für die ***France*** mehr zahlen zu wollen, gibt die C.G.T. bekannt, daß sie ihr Flaggschiff am 25. Oktober 1974 außer Dienst stellen werde.
September: Kurz vor dem Anlegen in Le Havre setzen französische Gewerkschafter die Schiffsleitung ab und ankern in der Fahrrinne. Sie wollen mit dieser Aktion gegen den drohenden Verlust ihres Arbeitsplatzes protestieren. Die Passagiere werden mit Tendern von Bord geholt.
9. Oktober: Nachdem die Streikfront Mann um Mann abgebröckelt ist, kann die ***France*** in Le Havre festmachen und wird aufgelegt.
1977 Oktober: An den saudi-arabischen Staatsbürger Akkram Ojjeh verkauft. Weiter in Le Havre aufgelegt.
1979 Juni: Lauritz Kloster, Oslo, erwirbt das Schiff, für Klosters R/A eingetragen. Umbenannt in ***Norway***.
August: Ankunft bei der Hapag-Lloyd Werft in Bremerhaven zum Umbau in ein Kreuzfahrtschiff. Antriebsleistung auf 40000 PSw reduziert, vier Turbinen ausgebaut. 17, max. 25 Knoten. 2 Schrauben. 70702 BRT. 2400 Passagiere.
1980 14. April: Ankunft in Bremerhaven zu weiteren Umbauten bei der Hapag-Lloyd Werft. U.a. Austausch der Turbogeneratoren gegen Diesel.
3. Juli: Nach beendetem Umbau nach Miami ausgelaufen.
1984 2.–22. September: Bei Blohm + Voss in Hamburg werden alle dampfgetriebenen Hilfsmaschinen durch Diesel ersetzt. Auf die Norwegian Caribbean Lines A/S übertragen.
1986 Für Kloster Cruise Ltd, Oslo registriert.
1990 Heimathafen Nassau.
3. September: Ankunft zum Umbau in Bremerhaven. Durch den Einbau von zwei neuen Decks wird die Passagierkapazität auf 2560 erhöht. 76049 BRZ.
2. Oktober: Rücklieferung.

Die *Marianna 9* im Hafen von Kalamata. (Foto: Sammlung Frank Heine)

TS ***Marianna 9***

Bilinder Marine Corp SA, Piräus
ex ***Marianna IX*** – 1984; ex ***Vera*** – 1981; ex ***Fairsky*** – 1980; ex ***Al Hasa*** – 1979

Erbaut als ***Principe Perfeito***
Cia Colonial de Navegaçâo, Lissabon

Bauwerft: Swan, Hunter & Wigham Richardson, Newcastle; Baunr. 1974
19393 BRT / 8738 tdw / 190,5 m Länge ü.a. / 23,9 m Breite / Zwei Satz Getriebeturbinen; Parsons / 17900 kW (24000 PSw) / 2 Schrauben / 20 kn / 200 I. Klasse, 800 Touristenklasse, 200 Mann Truppen / Besatzung: 320

1960 22. September: Stapellauf.
1961 18./19. Mai: Probefahrt.
27. Juni: Jungfernreise im Liniendienst Lissabon–Beira.
1974 Durch Fusion neuer Reedereiname Cia Portuguesa de Transport Maritimas.
1976 3. Januar: In Lissabon aufgelegt.
April: An die Global Transportation Inc, Panama. Bei Swan Hunter Shiprepairs zum Wohnschiff für Hafenarbeiter umgebaut. Neuer Name ***Al Hasa***. 820 Betten.
14. Juni: Auslaufen nach Damman, dort als Wohnschiff in Dienst.
1980 An die Fair Line Shipping Corp in Panama verkauft.
Umbenannt in ***Fairsky***.
20. Januar: In Itea aufgelegt.
1981 In ***Vera*** umbenannt.
1982 An die Sapho Shipping & Trading Corp, neuer Name ***Marianna IX***.
30. Juni: Ankunft in Djeddah, Dienst als Wohnschiff.
Nach Rabegh verlegt.
1984 Umbenannt ***Marianna 9***.
1986 September: Wohnschiff in Kalamata.
1987 Von Bilinder Marine Corp SA, Piräus, für Mittelmeerkreuzfahrten eingesetzt.
1988 März: Wohnschiff in Rabegh.

Mardi Gras in Miami. (Foto: Martin Lochte-Holtgreven)

Die *Norway* mit ihren neuen Aufbaudecks an der Lloyd Werft in Bremerhaven. (Foto: Peter Voß)

TS *Festivale*

Carnival Cruise Lines Inc, Nassau
ex ***S.A. Vaal*** – 1977

Erbaut als ***Transvaal Castle***
Union-Castle Mail Steamship Co Ltd, London

Bauwerft: John Brown & Co. Ltd, Clydebank; Baunr. 720
32 697 BRT / 16 604 tdw / 231,7 m Länge ü.a. / 27,4 m Breite / Zwei Satz Getriebeturbinen; Pametrada-Brown / 32 365 kW (44 000 PSw) / 2 Schrauben / 23,5 kn / 728 Passagiere / Besatzung: 426

1961 17. Januar: Stapellauf.
16. Dezember: Ablieferung.
1962 18. Januar: Jungfernreise Southampton–Durban.
1966 12. Januar: An die South Africa Marine Corp übergeben.
Umbenannt ***S.A. Vaal***. Weiter unter britischer Flagge im gleichen Dienst.
1967 Mit 30 212 BRT vermessen.
1977 An die Carnival Cruise Lines Inc. Als ***Festivale*** für die Festivale Maritime Inc in Panama registriert.
29. Oktober: Von Southampton nach Kobe ausgelaufen. Dort bei Kawasaki Heavy Industries umgebaut. 164 zusätzliche Passagierkabinen.
1978 31. August: Ablieferung nach Umbau. Jetzt 26 632 BRT. 1 432 Passagiere. Besatzung: 579.
28. Oktober: Erste Karibik-Kreuzfahrt.
1990 Heimathafen Nassau.

TS *Meridian*

Chandris SA, Nassau
ex ***Galileo*** – 1990

Erbaut als ***Galileo Galilei***
Lloyd Triestino SpA di Navigazione, Genua

Bauwerft: Cantieri Riuniti dell'Adriatico, Monfalcone; Baunr. 1862
27 888 BRT / 9 486 tdw / 213,7 m Länge ü.a. / 28,6 m Breite / Zwei Satz Getriebeturbinen; De Laval-Bauwerft / 32 800 kW (44 000 PSw) / 2 Schrauben / 25,5 kn / 156 I. Klasse, 1 594 Touristenklasse

1961 2. Juli: Stapellauf.
1963 März: Fertigstellung.
22. April: Jungfernreise Genua–Sydney.
1964 Mit 27 907 BRT vermessen.
1977 21. Oktober: Ankunft in Palermo zum Umbau für Kreuzfahrten bei CN Riuniti.
1979 24. März: Ankunft in Genua nach dem Umbau. Von Italia Crociere International bereedert. Mittelmeer-Kreuzfahrten. 28 083 BRT.
29. September: In Genua aufgelegt.
1983 22. Oktober: An die Chandris Cruises verkauft und für die Fourth Transoceanic Shipping Co Ltd, Panama registriert. In Genua zum Kreuzfahrtschiff umgebaut.
1984 Als ***Galileo*** in Dienst gestellt. 17 634 BRT. 1 262 Passagiere. Kreuzfahrten in der Karibik.
1989 12. Oktober: Ankunft in Bremerhaven, wo das Schiff auf der Lloydwerft umgebaut wird. 1 428 Passagiere. 30 440 BRZ.
1990 22. Februar: Rücklieferung an Fantasy Cruises (Chandris), Nassau, als ***Meridian***.
1. März: Überführungsreise ab Bremerhaven in die Karibik.
1. April: Erste Kreuzfahrt ab Port Everglades.

TS *Costa Riviera*

Costa Crociere SpA, Neapel

Erbaut als ***Guglielmo Marconi***
Lloyd Triestino SpA di Navigazione, Genua

Bauwerft: Cantieri Riuniti dell'Adriatico, Monfalcone; Baunr. 1863
27 905 BRT / 9 642 tdw / 213,7 m Länge ü.a. / 28,6 m Breite / Zwei Satz Getriebeturbinen; De Laval-Bauwerft / 32 400 kW (44 000 PSw) / 2 Schrauben / 24 kn / 156 I. Klasse, 1 594 Touristenklasse / Besatzung: 443

1961 24. September: Stapellauf.
1963 Oktober: Ablieferung.
18. November: Jungfernreise im Liniendienst Genua–Sydney.
1976 1. Januar: Erste Reise Neapel–La Plata des zuvor auf die Italia SAN übertragenen Schiffes.
1977 7. Juni: In Neapel aufgelegt.
1979 Januar: Kreuzfahrten von US-Häfen für Italia Crociere International.
1980 23. Januar: In Port Canaveral aufgelegt.
1980 15. September: In Genua aufgelegt.
1983 November: An die Costa Armatori SpA verkauft. In Genua bei der Mariotti Werft für 984 Passagiere umgebaut. Umbenannt in ***Costa Riviera***.
1984 24. November: Ablieferung.
1985 Dezember: Überführungsfahrt ab Genua in die Karibik, wo das Schiff für Kreuzfahrten eingesetzt wird.
1987 Mit 30 325 BRZ vermessen.
1 260 Passagiere.

Carnival Cruise Liner *Festivale*. (Foto: Martin Lochte-Holtgreven)

In der *Costa Riviera* ist kaum noch die ehemalige *Guglielmo Marconi* zu erkennen. (Foto: H. J. Amberg)

Die *Meridian* nach beendetem Umbau in Bremerhaven. (Foto: Peter Voß)

MS *Constellation*

Kavounides Shipping Co SA Ltd, Piräus
ex ***Danaos*** - 1978

Erbaut als ***Anna Nery***
Cia Nac. de Nav Costeira Autarquia Federal, Rio de Janeiro

Bauwerft: Brodogradiliste „Uljanik", Pula; Baunr. 237
10444 BRT / 3713 tdw / 150,0 m Länge ü.a. / 19,0 m Breite / Zwei 7-Zyl.-Diesel; B & W-Krupp / 6050 kW (8100 PSe) / 2 Schrauben / 17,5 kn / 208 I. Klasse, 274 Touristenklasse / Besatzung: 163

1961 5. November: Stapellauf.
1962 27. August: Ablieferung. Manaus–Buenos Aires-Dienst.
1963 13. Oktober: Auf einer Reise von Haifa nach Buenos Aires kollidiert die ***Anna Nery*** 25 sm vor Rio mit dem brasilianischen Tanker ***Presidente Deodoro***. Die ***Anna Nery*** muß schwer beschädigt nach Rio geschleppt werden. Zwei Tote. Erst nach monatelanger Reparatur wieder in Dienst.
1978 An Kavounides Hellenic Cruises verkauft. Umbenannt ***Danaos***.
Februar: In Eleusis aufgelegt. Als ***Constellation*** für die Kavolines Corp SA in Piräus registriert. Weiter aufgelegt
1981 November: Nach Perama zum Umbau.
1982 12. Mai: Beendigung des Umbaus.
Juni: Für Mittelmeer-Kreuzfahrten eingesetzt. 12433 BRT. 480 Passagiere.
1984 Mit 7952 BRT vermessen.
1986 27. Oktober: In Piräus aufgelegt.
1988 Die Hellenic Industrial Developement Bank übernimmt das Schiff, für Epirotiki Steamship Navigation Co, Piräus, registriert.
1989 An Kavounides Shipping Co SA Ltd, Piräus. Weiter aufgelegt.
1990 An Marlines, Piräus, auch jetzt weiter in Eleusis aufgelegt.

MS *Athirah*

PT Bumy Nusantara Timur, Indonesien
ex ***Nippon Maru*** – 1991;
ex ***P/S Seven Seas*** - 1977

Erbaut als ***Rosa da Fonseca***
Cia Nac. de Nav Costeira Autarquia Fed, Rio de Janeiro

Bauwerft: Brodogradiliste „Split", Split; Baunr. 169
10444 BRT / 3138 tdw / 150,0 m Länge ü.a. / 19,0 m Breite / Zwei 7-Zyl.-Diesel; B & W-Krupp / 5950 kW (8100 PSe) / 2 Schrauben / 16 kn / 208 I. Klasse, 274 Touristenklasse / Besatzung: 163

1961 29. Dezember: Stapellauf.
1962 28. Oktober: Ablieferung. Manaus–Buenos Aires-Dienst.
1968 An Lloyd Brasileiro verkauft.
1972 12433 BRT.
1975 An Cosmos Passenger Service, Panama. Umbenannt ***P/S Seven Seas***. Für vier Jahre an Mitsui-OSK Lines verchartert. 532 Passagiere.
6. August: Erste Kreuzfahrt Yokohama–Hawaii.
1977 An Mitsui-OSK Lines (Passenger), Tokio, verkauft.
Umbenannt in ***Nippon Maru***. Mit 9745 BRT vermessen.
1982 bis **1983** vorübergehend unter Shosen Mitsui Kyakusen KK registriert.
1990: 9772 BRT.
1991 An PT Bumy Nusantara Timur nach Indonesien verkauft.
14. Februar: Überführungsreise ab Chiba als ***Athirah***.

Ming Hua ex *Ancerville*. (Foto: Gerhard Fiebiger)

Ming Hua

Regierung der VR China

Erbaut als ***Ancerville***
Cie de Nav Paquet, Marseille

Bauwerft: Chantiers de l'Atlantique, St.Nazaire; Baunr. M21
14224 BRT / 3037 tdw / 168,0 m Länge ü.a. / 21,8 m Breite / Zwei 12-Zyl.-Diesel; B & W-Bauwerft / 17900 kW (24000 PSe) / 2 Schrauben / 22,5 kn / 171 I. Klasse, 346 Touristenklasse, 253 III. Klasse / Besatzung: 173

1962 5.April: Stapellauf.
20. August: Ablieferung.
5. September: Kreuzfahrt nach den Kanarischen Inseln. Danach Jungfernreise Marseille–Dakar.
1970 An die Nouvelle Cie de Paquebots.
1973 April: An die Volksrepublik China verkauft. Umbenannt ***Ming Hua***. Zwischen China und Ostafrika eingesetzt.
1981 Kreuzfahrten ab Australien, dabei von der Reederei Burns, Philp & Co betreut. 380 Passagiere.
1984 Für die Guangzhou Ocean Shipping Co in Guangzhou registriert.
1986 In Lloyd's Register ohne Reedereiangabe als Wohnschiff verzeichnet. Hotelschiff in Shenzhen.

MS *Ziluolan*

Regierung der VR China, Guangzhou
ex ***Sakura*** – 1982

Erbaut als ***Sakura Maru***
Nihon Sangyo Junko Mihonichi Kyokai, Tokio

Bauwerft: Mitsubishi Heavy Industries, Kobe; Baunr. 933
12628 BRT / 10618 tdw / 157,0 m Länge ü.a. / 21,0 m Breite / Ein 7-Zyl.-Diesel; Bauwerft / 7300 kW (9800 PSe) / 1 Schraube / 17 kn / 152 I. Klasse, 800 Touristenklasse

1962 22. Juni: Stapellauf.
15. Oktober: Ablieferung.
5. November: Jungfernreise Kobe–Djeddah. Die ***Sakura Maru*** dient als Ausstellungsschiff für japanische Industrieerzeugnisse. Wenn sie dafür nicht benötigt wird läuft sie im Passagierdienst zwischen Yokohama und Südamerika, bereedert von den Mitsui-OSK Lines.
1970 Mit 12470 BRT vermessen.
1971 An die Mitsubishi Shintaku Ginko KK in Tokio verkauft.
Als ***Sakura*** für Oshima Unyu KK in Kagoshima registriert.
1973 Juni: Kreuzfahrten ab Tokio. 948 Passagiere.
1982 An die Regierung der Volksrepublik China verkauft und in ***Ziluolan*** (In Lloyd's Register als ***Zhi Luo Lan*** transliteriert) umbenannt.

Nippon Maru 1981 in Tokio. (Foto: Yoshitatsu Fukawa)

Constellation 1986 in Rhodos. (Foto: Peter Voß)

MS *Ziluolan*. (Foto: Yoshitatsu Fukawa)

TS *Regent Sun*

Regency Cruises, Nassau

ex ***Royal Odyssey*** – 1988; ex ***Doric*** – 1981; ex ***Hanseatic*** – 1973

Erbaut als ***Shalom***
Zim Israel Navigation Co, Haifa

Bauwerft: Chantiers de l'Atlantique, St.Nazaire; Baunr. Z21
25 338 BRT / 7 394 tdw / 191,4 m Länge ü.a. / 24,8 m Breite / Zwei Satz Getriebeturbinen; Parsons-Bauwerft / 18 650 kW (25 000 PSw) / 2 Schrauben / 20 kn / 72 I. Klasse, 1 018 Touristenklasse / Besatzung: 469

1962 10. November: Stapellauf als ***Shalom*** für die Zim Israel Navigation Co Ltd, Haifa. Als Namen waren zuerst ***King Salomon*** und ***King David*** vorgesehen.
1964 17. April: Jungfernreise Haifa–New York.
Oktober: Umbau der Passagiereinrichtungen bei Wilton-Fijenoord. 148 I. Klasse, 864 Touristenklasse.
26. November: Die ***Shalom*** kollidiert vor New York mit dem norwegischen Tanker ***Stolt Dagali***, der auseinanderbricht und sinkt.
1967 Mai: An die Deutsche Atlantik Linie, Hamburg verkauft.
9. November: Übergabe des Schiffes. Umbenannt ***Hanseatic***.
16. Dezember: Als erste Reise unter deutscher Flagge macht die ***Hanseatic*** eine Gästekreuzfahrt. 25 320 BRT. Dann Einsatz im Hamburg–New York-Dienst und für Kreuzfahrten.
1969 Nur noch Kreuzfahrten.
1973 Juli: An die Home Lines, Panama, verkauft.
25. September: Übergabe in Genua. Umbenannt ***Doric***. Von den Home Lines für Kreuzfahrten eingesetzt. 17 884 BRT. 817 Passagiere. Besatzung: 360.
1981 An die Royal Cruise Line, Piräus. In ***Royal Odyssey*** umbenannt.
1982 Januar: In Perama und Neorion umgebaut.
28. Mai: Nach dem Umbau in die weltweite Kreuzfahrt eingestellt. Für die Lido Maritime Inc, Piräus, registriert.
1988 An Regency Cruises verkauft.
Für Regsun Holding Ltd, Nassau, registriert.
4. November: Übergabe an Regency Cruises, in ***Regent Sun*** umbenannt.
9. Dezember: Erste Kreuzfahrt ab Montego Bay.

TS *Starship Oceanic*

Premier Cruise Line Ltd, Nassau

Erbaut als ***Oceanic***
Home Lines Inc, Panama

Bauwerft: Cantieri Riuniti dell'Adriatico, Monfalcone; Baunr. 1876
27 645 BRT / 8 738 tdw / 238,4 m Länge ü.a. / 29,4 m Breite / Zwei Satz Getriebeturbinen; De Laval-Bauwerft / 45 100 kW (60 500 PSw) / 2 Schrauben / 26,5 kn / 1 340 Passagiere / Besatzung: 560

1963 15. Januar: Stapellauf.
1965 31. März: Jungfernreise Genua–New York.
24. April: Erste Kreuzfahrt New York–Bahamas.
Die ursprünglich für den Cuxhaven–Kanada-Dienst vorgesehene ***Oceanic*** macht ausschließlich Kreuzfahrten, mit nur gelegentlichen Atlantiküberquerungen.
1985 An die Premier Cruise Line, Panama, verkauft und in ***Starship Oceanic*** umbenannt. Mit 19 500 BRT vermessen, 1 562 Passagiere.
Dienstgeschwindigkeit 20 Kn.
1990 Heimathafen Nassau.

MS *Ivan Franco*

Black Sea Shipping Co, Odessa

Bauwerft: Mathias-Thesen-Werft, Wismar; Baunr. 125
19 861 BRT / 6 007 tdw / 176,1 m Länge ü.a. / 23,5 m Breite / Zwei 7-Zyl.-Diesel; Sulzer-Werkspoor / 15 500 kW (21 000 PSe) / 2 Schrauben / 20,5 kn / 750 Passagiere / Besatzung: 220

1963 15. Juni: Stapellauf.
1964 14. November: Ablieferung.
Überwiegend für Kreuzfahrten eingesetzt.
1974 mit 20 064 BRT vermessen.

Ivan Franko 1990 vor Bremerhaven. (Foto: Peter Voß)

Sechs Jahre fuhr die *Royal Odyssey* als *Hanseatic* unter deutscher Flagge.
(Foto: Sammlung Weirauch)

Der rote Rumpf bestimmt das Erscheinungsbild der Premiere Cruise Liner. Hier die *Starship Oceanic*. (Foto: H. J. Amberg)

MS ***Aleksandr Pushkin***

Far Eastern Shipping Co, Wladiwostok

Bauwerft: Mathias-Thesen-Werft, Wismar; Baunr. 126
19 860 BRT / 5 180 tdw / 176,3 m Länge ü.a. / 23,6 m Breite / Zwei 7-Zyl.-Diesel; Sulzer-Cegielski / 15 500 kW (21 000 PSe) / 2 Schrauben / 20,5 kn / 750 Passagiere / Besatzung: 220

1964 26. März: Stapellauf.
1965 Juni: Fertigstellung. Für Kreuzfahrten eingesetzt.
1966 13. April: Erste Reise Leningrad–Montreal. Bei Nordatlantikreisen 130 I. Klasse und 620 Touristenklasse-Passagiere.
1975 20 502 BRT. Überwiegend für Kreuzfahrten eingesetzt.
1985 Auf die Far Eastern Shipping Co, Wladiwostok, übertragen. 763 Passagiere.

Die *Aleksandr Pushkin* vor 1988 Sydney. (Foto: Sammlung Weirauch)

MS *Taras Shevchenko*

Black Sea Shipping Co, Odessa

Bauwerft: Mathias-Thesen-Werft, Wismar; Baunr. 127
19 549 BRT / 6 000 tdw / 176,1 m Länge ü.a. / 23,5 m Breite / Zwei 7-Zyl.-Diesel; Sulzer-Cegielski / 15 500 kW (21 000 PSe) / 2 Schrauben / 20,5 kn / 750 Passagiere / Besatzung: 220

1965 16. Januar: Stapellauf.
1967 26. April: Ablieferung.
Für Kreuzfahrten eingesetzt.
1974 Mit 20 027 BRT vermessen.
650 Passagiere.
1988 3. Oktober: Ankunft bei der Lloyd-Werft in Bremerhaven zur Modernisierung der Passagiereinrichtungen.
4. Dezember: Rücklieferung.

MS *Shota Rustaveli*. (Foto: Peter Voß)

MS *Shota Rustaveli*

Black Sea Shipping Co, Odessa

Bauwerft: Mathias-Thesen-Werft, Wismar; Baunr. 128
19 567 BRT / 5 696 tdw / 175,8 m Länge ü.a. / 23,6 m Breite / Zwei 7-Zyl.-Diesel; Sulzer-Cegielski / 15 500 kW (21 000 PSe) / 2 Schrauben / 20,5 kn / 750 Passagiere / Besatzung: 220

1967 Stapellauf.
1968 30. Juni: Ablieferung.
Für Kreuzfahrten eingesetzt.
1975 Mit 20 146 BRT vermessen. 650 Passagiere.
1980 Neuvermessung mit 20 499 BRT.

Patriot State

siehe Farbteil Seite 102

MS *Empress*

Tony Travel & Agency Ltd, Piräus

Erbaut als ***Empress of Australia***
Australian Coastal Commission, Hobart

Bauwerft: Cockatoo Docks & Eng. Co Pty Ltd, Sydney; Baunr. 220
12 037 BRT / 2 725 tdw / 135,6 m Länge ü.a. / 21,3 m Breite / Zwei 10-Zyl.-Diesel; MAN / 9 930 kW (13 500 PSe) / 2 Schrauben / 21,5 kn / 260 Passagiere + 190 an Deck / Besatzung: 106

1964 18. Januar: Stapellauf.
1965 Januar: Fertigstellung.
Eingesetzt im australischen Küstendienst zwischen Sydney–Hobart–Bell Bay–Burnie.
1973 Neue Vermessung. 8 196 BRT.
1985 An die Universal Glow Inc verkauft und für die Phineas Navigation Ltd, Limassol registriert. Umbenannt in ***Empress***.
8 187 BRT. Zypern–Libanon-Dienst.
1987 An die Congreve Shipping Corp, in Nassau registriert.
Von Tony Travel & Agency im Mittelmeer eingesetzt.
1989 Für die Falcon Maritime Co, Piräus, eingetragen.
September: Ankunft bei der Avlis Werft in Chalkis, wo das Fährschiff zum Cruise Liner umgebaut wird.

Taras Shevchenko auf der Elbe. (Foto: Steffen Weirauch)

MS ***Sagafjord***

Cunard Line Ltd, Nassau

Erbaut für die Norske Amerikalinje A/S, Oslo

Bauwerft: Forges et Chantiers de la Mediterranée, La Seyne; Baunr. 1366
24 002 BRT / 6 353 tdw / 188,9 m Länge ü.a. / 24,5 m Breite / Zwei 9-Zyl.-Diesel; Sulzer-Bauwerft / 20 150 kW (27 000 PSe) / 2 Schrauben / 20 kn / 85 I. Klasse, 704 Touristenklasse / Besatzung: 350

1964 13. Juni: Stapellauf.
1965 Mai: Erste Probefahrt.
18. September: Ablieferung.
2. Oktober: Jungfernreise Oslo–New York. Überwiegend für Kreuzfahrten eingesetzt, bei denen 462 Fahrgäste in einer Klasse gefahren werden.
1972 509 Passagiere in einer Klasse.
1980 Mai: Unter zehnprozentiger Beteiligung von Leif Hoegh & Co werden die Passagierschiffe der Norske Amerikalinje A/S, Oslo, auf die K/S Norwegian American Cruises A/S, Oslo übertragen.
Oktober: Bis Dezember bei Blohm + Voss in Hamburg umgebaut. Zusätzliches Deck, jetzt 24 109 BRT.
Dezember: Hoegh & Co erwerben das gesamte Kapital der neuen Gesellschaft.
1983 Mai: Verkauf an die Cunard Line mit Übergabe Oktober 1983. Cunard führt die Gesellschaft als Cunard/NAC, Nassau, weiter. 24 474 BRZ.
1990 Der Zusatz NAC entfällt.

Die *Sagafjord*. (Foto: H. J. Amberg)

Die *Empress* an der Umbauwerft. (Sammlung L. W. C. Lamers)

TS ***Eugenio Costa***

Costa Crociere SpA, Neapel

Erbaut als ***Eugenio C***

Bauwerft: Cantieri Riuniti dell'Adriatico, Monfalcone; Baunr. 1884
30 567 BRT / 7 935 tdw / 217,5 m Länge ü.a. / 29,3 m Breite / Zwei Satz Getriebeturbinen; De Laval-Bauwerft / 41 000 kW (55 000 PSw) / 2 Schrauben / 27 kn / 178 I. Klasse, 356 II. Klasse, 1 102 Touristenklasse / Besatzung: 424

1964 21. November: Stapellauf.
1966 22. August: Ablieferung.
Genua–Buenos Aires-Dienst.
Auf Kreuzfahrten 1 603 Passagiere in einer Klasse.
1987 12. Oktober: Ankunft in Genua, wo das Schiff bei der Reparaturwerft Mariotti umgebaut und modernisiert wird.
1987 1. Dezember: Ablieferung nach dem Umbau, anschließend bis März 1988 Südamerika-Kreuzfahrten, danach wieder Einsatz in Europa. Umbenannt ***Eugenio Costa***.
1989 Maschinenleistung auf 28 690 kW (39 000 PSe) reduziert; 22 Knoten.

Wie die *Eugenio Costa* tragen seit 1987 alle Costa-Schiffe ihre Namen nicht mehr in Versalien. (Foto: Hans-Joachim Reinecke)

MS *Sea Princess*

P & O Lines Ltd, London

Erbaut als ***Kungsholm***
Svenska Amerika Linjen, Göteborg

Bauwerft: John Brown & Co. Ltd, Clydebank; Baunr. 728
26678 BRT / 5182 tdw / 201,2 m Länge ü.a. / 26,5 m Breite / Zwei 9-Zyl.-Diesel; Götaverken / 18800 kW (25200 PSe) / 2 Schrauben / 21 kn / 108 I. Klasse, 605 Touristenklasse, bei Kreuzfahrten 405 / Besatzung: 438

1965 14. April: Stapellauf.
19. November: Erste Probefahrt.
1966 17. März: Ablieferung.
22. April: Jungfernreise im Liniendienst Göteborg–New York.
Überwiegend für Kreuzfahrten eingesetzt.
1975 August: An die Flagship Cruises in Monrovia verkauft.
6. Oktober: Übergabe.
Kreuzfahrten ab New York. 18174 BRT.
1978 An die P & O Passenger Division, London verkauft, für die Finance for Shipping, London, registriert.
4. September: Ankunft in Vegesack, wo das Schiff beim Bremer Vulkan umgebaut wird. 750 Passagiere. 27670 BRT.
1979 15. Januar: In ***Sea Princess*** umbenannt.
16. Februar: Erste Kreuzfahrt ab Hongkong nach Sydney.
Kreuzfahrten in Ostasien und Australien.
1982 Bei Vosper in Southampton weitere Passagierkabinen eingebaut, jetzt 840 Fahrgäste.
Kreuzfahrten in europäischen Gewässern.
1984 Für Investors in Industry plc, London, registriert.
1990 720 Passagiere.

MS *Ocean Princess*

Croisires Paquet, Nassau

Erbaut als ***Italia***
Sunsarda SpA, Triest

Bauwerft: Cant. Navale Felszegi, Triest; Baunr. 76
12219 BRT / 2370 tdw / 149,0 m Länge ü.a. / 20,7 m Breite / Zwei 9-Zyl.-Diesel; Sulzer-CNR / 11050 kW (14800 PSe) / 2 Schrauben / 19 kn / 452 Passagiere

1965 28. April: Stapellauf für die Sunsarda SpA, Triest.
1967 August: Ablieferung. Für Kreuzfahrten eingesetzt.
Im selben Jahr an die Crociere d'Oltremare, Cagliari, verkauft. Im Dienst Acapulco–Seattle und für Kreuzfahrten in nordamerikanischen Gewässern im Einsatz.
1974 Oktober: An die Costa Armatori verkauft.
1980 Mit 12183 BRT vermessen.
1983 An die Ocean Cruise Lines in Athen verkauft und in ***Ocean Princess*** umbenannt.
24. September: Ankunft in Piräus, wo die Passagiereinrichtungen für 550 Fahrgäste erweitert werden.
1984 Mai: Erste Mittelmeer-Kreuzfahrt. Auch in der US-Kreuzfahrt eingesetzt. Für die Oceanic Endeavour SA, Panama, eingetragen. 12218 BRT.
1987 7186 BRT.
1990 An Croisires Paquet, Nassau, verkauft. Für Argimar SA eingetragen.

MS *Fennia*

Vaasanlaivat OY, Vaasa

Erbaut für A/B Siljarederiet, Turku

Bauwerft: Öresundsvarvet, Landskrona; Baunr. 201
6179 BRT / 1476 tdw / 128,9 m Länge ü.a. / 19,7 m Breite / Vier 9-Zyl.-Diesel mit Getriebe; Ruston & Hornsby / 6353 kW (8640 PSe) / 2 Schrauben / 18 kn / 580 Passagiere + 620 an Deck / 265 PKW

1965 28. Oktober: Stapellauf.
1966 Ablieferung.
Schweden–Finnland-Dienst für Silja Line.
1975 Erneuerung der Maschinenanlage, vier 9-Zyl.-Diesel mit Getriebe; Atlas-MaK. 8827 kW (12000 Pse).
1981 Für OY Svea Line (Finland A/B), Mariehamn, registriert.
1983 Juni: In der Sommersaison in Charter für B & I Line zwischen Pembroke und Cork eingesetzt.
1984 An OY Jakob Lines AB, Jakobstad, verkauft. Jakobstad–Skelleftea-Dienst.
6396 BRT, 296 Passagiere + 804 an Deck.
1985 Einsatz auf der Route Vaasa–Sundsvall.
1986 Nach Einbau zusätzlicher Decks 10515 BRT, 1410 tdw.
1986 Für Rederiaktiebolaget Sally, Vaasa, registriert.
1989 Die Reederei firmiert als OY Sally Line AB, Vaasa.
1990 An OY Svea Line (Finland) AB, Vaasa.

Die *Ocean Princess* im Nord-Ostsee-Kanal. (Foto: Hans-Joachim Reinecke)

Nach ihrem Umbau ist die *Fennia* mit über 10 000 BRT vermessen.
(Foto: Dr. Achim Borchert)

Die *Sea Princess* läuft in Wellington ein. (Foto: Sammlung Weirauch)

World Renaissance
siehe Farbteil Seite 103

EMS *Queen Vergina*
Strintzis Lines SA, Piräus
ex ***Ambrose*** – 1991

Erbaut als ***Ambrose Shea***
Kanadische Regierung, St.John's

Bauwerft: Marine Industries Ltd, Sorel; Baunr. 324
10 093 BRT / 1 691 tdw / 120,6 m Länge ü.a. / 21,7 m Breite / Fünf 16-Zyl.-Diesel mit 18 050 kW (24 200 PSe) verbunden mit fünf Generatoren treiben zwei Elektromotoren von 9 700 KW (13 000 PSe); Cooper-Bessemer / 2 Schrauben / 16,5 kn / 258 Passagiere + 267 an Deck / 150 Pkw, 19 LKW

1966 16. April: Stapellauf für das Canadian Department of Transport, St.John's.
12. Dezember: Durch einen Brand am Ausrüstungskai schwer beschädigt, dadurch Verzögerung der Ablieferung.
1967 Dezember: Fertigstellung. In Lloyd's Register mit 9 934 BRT verzeichnet.
Im Fährdienst an der Ostküste Kanadas eingesetzt.
1979 Auf die CN Marine Inc, St.John's, übertragen.
1987 Für Marine Atlantic Inc, St.John's, registriert.
1989 An A. Lelakis, Piräus.
Weiterverkauft an die Rederi A/B Sea Link, umbenannt ***Ambrose***.
1990 26. April: In Gdynia aufgelegt.
Umbau und Umbenennung in ***Europa Link*** geplant, aber nicht realisiert. Heimathafen Nassau.
24. September: In Malmö aufgelegt.
1991 März: An Strintzis Lines SA, Piräus, verkauft.

MS *Black Prince*
Fred Olsen & Co, Oslo

Bauwerft: Lübecker Flender-Werke AG, Lübeck; Baunr. 561
9 499 BRT / 3 043 tdw / 141,6 m Länge ü.a. / 20,0 m Breite / Zwei 18-Zyl.-Diesel mit Getriebe; Pielstick-OEW / 12 490 kW (16 740 PSe) / 2 Schrauben / 22,5 kn / 584 Passagiere + 126 an Deck / Besatzung: 177 / 185 PKW

1966 14. Mai: Stapellauf.
Oktober: Ablieferung.
Die ***Black Prince*** ist für die Reedereien Fred Olsen & Co, Kristiansand, und Det Bergenske D/S gemeinsam registriert. Für Det Bergenske läuft das Schiff während der Sommermonate Mai–September unter dem Namen ***Venus*** im Fährdienst Kristiansand–Amsterdam–Harwich.
20. Oktober: Jungfernreise im kreuzfahrtartigen Liniendienst zwischen London und den Kanarischen Inseln. Auf den Reisen ist die Passagierkapazität auf 330 Personen begrenzt. Zeitweise unter dem Namen ***Venus*** Fährdienst zwischen Cuxhaven und Bergen.
1986 Olsen übernimmt die Anteile der Bergenske D/S.
Oktober: Zum Umbau in ein Kreuzfahrtschiff an die Wärtsilä-Werft in Turku.
1987 12. Februar: Nach beendetem Umbau für die Vinta Maritime Co Inc (Fred Olsen Lines), Manila registriert. Das jetzt 11 500 BRT große Schiff ist 143,5 m ü.a. lang. Passagiere: 527, Besatzung: 145.
28. Februar: Erste Kreuzfahrt von Southampton, von wo das Schiff Reisen nach Nordwestafrika und ins Mittelmeer macht.
1987 11 209 BRZ.
1989 27. Mai: Nach einem Streik der philippinischen Besatzung und deren Entlassung fährt das Schiff wieder unter norwegischer Flagge mit Heimathafen Oslo.
1990 Für Black Prince Management Inc, Oslo, registriert.

MS *Ocean Pearl*
Paquet Cruises, Nassau
ex ***Pearl of Scandinavia*** – *1988; ex* ***Innstar*** – 1982; ex ***Finnstar*** – 1981

Erbaut als ***Finlandia***
Finska Ångfartygs A/B, Helsinki

Bauwerft: OY Wärtsilä, Helsinki; Baunr. 383
8 168 BRT / 1 510 tdw / 153,0 m Länge ü.a. / 20,0 m Breite / Zwei 9-Zyl.-Diesel mit Getriebe; Sulzer-Wärtsilä / 12 230 kW (16 400 PSe) / 2 Schrauben / 22 kn / 270 I. Klasse, 194 II. Klasse, 200 Touristenklasse / 320 PKW

1966 25. August: Stapellauf.
1967 18. Mai: Ablieferung.
25. Mai: Jungfernreise Helsinki–Kopenhagen–Travemünde.
1977 An die Enso-Gutzeit OY, Helsinki.
1978 Umbau zum Kreuzfahrtschiff.
10 311 BRT, 576 Passagiere.
1979 Januar: Erste Kreuzfahrt Helsinki–Kopenhagen–Bremerhaven–Nordafrika.
1980 August: Wegen Streiks und 17 % Heuererhöhung aufgelegt.
1981 An die Loke Shipping Ltd verkauft. Umbenannt in ***Innstar***.
18. August: Ankunft in Aalborg, wo das Schiff für Kreuzfahrten in ostasiatischen Gewässern umgebaut wird.
1982 April: Nach beendetem Umbau in ***Pearl of Scandinavia*** umbenannt.
12 456 BRT. 509 Passagiere.
Juni: Kreuzfahrten ab Hongkong und Singapur.
1984 437 Passagiere.
1987 April: Die Ocean Cruise Line kauft das Schiff. 12 475 BRT.
1988 5. Januar: Ankunft bei der Sembawang-Werft in Singapur, wo das Schiff umgebaut und modernisiert wird. Neuer Schornstein und Verlängerung um 3,7 m auf 156,7 m Länge ü.a. durch Umgestaltung des Bugs. 488 Passagiere, Besatzung: 235.
1988 15. Februar: In ***Ocean Pearl*** umbenannt. Weiterhin Kreuzfahrten in ostasiatischen Gewässern.
1990 An Paquet Cruises, Nassau, verkauft. Für Sendumar SA eingetragen.

Das kanadische Fährschiff *Ambrose Shea*.
(Foto: CN Marine)

Die *Ocean Pearl* mit ihrem neuen Schornstein.
(Foto: Gerhard Fiebiger)

Jetzt ohne poppige Rumpfbemalung: die *Black Prince*.
(Foto: Dirk Jankowsky)

Die *Crown Princess Victoria* heißt jetzt *Pacific Star.*
(Foto: Dirk Jankowsky)

MS ***Pacific Star***

Starlite Cruises, Nassau
ex ***Crown Princess*** – *1990;*
ex ***Crown Princess Victoria*** – 1990;
ex ***Lion Queen*** – 1990; ex ***Stena Saga*** – 1988; ex ***Stena Oceanica*** – 1979

Erbaut als ***Patricia***
Rederi A/B Svenska Lloyd, Göteborg

Bauwerft: A/B Lindholmens Varf, Göteborg; Baunr. 1095
8 897 BRT / 2 591 tdw / 141,2 m Länge ü.a. / 20,7 m Breite / Vier 6-Zyl.-Diesel mit Getriebe; Pielstick-Lindholmens / 7 520 kW (10 080 PSe) / 2 Schrauben / 18 kn / 748 Passagiere / 200 PKW

1966 9. September: Stapellauf.

1967 März: Fertigstellung.
Im Fährdienst zwischen Southampton und Bilbao eingesetzt.

1977 1. September: In Göteborg aufgelegt.

1978 An die Stena Line A/B, Göteborg, verkauft. Umbenannt in ***Stena Oceanica***.
31. Oktober: Ankunft bei der Middle Docks & Engineering Co am Tyne, wo das Schiff um ein Deck erhöht wird.

1979 Nach Umbau mit 10 034 BRT vermessen und als ***Stena Saga*** zwischen Frederikshavn und Oslo in Dienst gestellt.

1988 Mai: Übernahme durch die Stena-Tochtergesellschaft Lion Ferry A/B und Umbenennung in ***Lion Queen***.
18. Mai: Ankunft bei der Nobiskrug-Werft in Rendsburg, wo das Schiff umgebaut wird.
9. Juni: Grenaa–Helsingborg-Fährdienst.
23. November: Ankunft bei der Rendsburger Werft HDW- Nobiskrug zum Umbau.

1990 März: In ***Crown Princess Victoria*** umbenannt. Für British Columbia Stena Line Ltd in Victoria registriert.

Orient Princess ex *Yaohua*. (Foto: Gerhard Fiebiger)

April: Einsatz als Fährschiff im Puget Sound zwischen Kanada und USA.
17. November: Aufgabe des Fährdienstes wegen neuer US-Gesetze, die das Glücksspiel an Bord beschränken.
1990 Wieder für Stena Line AB, Göteborg, registriert. Umbenannt in ***Crown Princess***.
Auf Mietkaufbasis an die griechische Reederei Starlite Cruises Inc, umbenannt ***Pacific Star***.
Kurzkreuzfahrten an der amerikanischen Westküste.

MS *Orient Princess*

Main Fortune Ltd, Panama

Erbaut als ***Yao Hua***
China Ocean Shipping Co, Canton

Bauwerft: Chantiers de l'Atlantique, St.Nazaire; Baunr. N23
10 151 BRT / 3 302 tdw / 150,3 m Länge ü.a. / 21,0 m Breite / Zwei 9-Zyl.-Diesel; Sulzer / 11 200 kW (15 000 PSe) / 2 Schrauben / 21 kn / 100 I. Klasse, 100 II. Klasse, 118 III. Klasse / Besatzung: 177

1966 10. Dezember: Stapellauf.
1967 20. August: Ablieferung.
China–Ostafrika-Dienst, später auf Routen in Ostasien.
1983 Kreuzfahrten auf dem Yangtsekiang und längs der Chinesischen Küste.
1986 An die ROC Maritime Inc, Panama verkauft, umbenannt in ***Orient Princess***.
488 Passagiere, 6 266 BRT.
1990 Für Asphondel Services Inc registriert, von Main Fortune Ltd, Panama, bereedert.

MS *Hansa Link*

AB Nordö Link, Nassau
ex ***Thenia*** – 1990; ex ***Athenia*** – 1988;
ex ***Flavia II*** – 1987; ex ***Fred*** – 1987

Erbaut als ***Frederick Carter***
Canadian National Railways, St.John's

Bauwerft: Davie Shipbuilding Ltd, Lauzon; Baunr. 660
12 221 BRT / 5 339 tdw / 148,1 m Länge ü.a. / 21,0 m Breite / Vier 12-Zyl.-Diesel mit Getriebe; Crossley / 10 939 kW (14 872 PSe) / 2 Schrauben / 18 kn / 535 m Gleis + 12 LKW

1967 12. März: Stapellauf als Eisenbahnfährschiff.
North Sidney–Port aux Basgues-Dienst.
1979 Für CN Marine, St.John's registriert
1986 An ANCO Ferries, Piräus, verkauft, umbenannt in ***Fred***.
Frachtfährdienst Griechenland–Italien.
1987 ***Flavia II***, Harma Shipping Co Ltd, Cypern.
Ancona–Patras-Dienst.
1988 An Meltika Marine Co, Limassol, umbenannt ***Athenia***.
1989 An Windepoint Shipping Co, Nassau, bereedert von AB Nordö Link. Umbenannt ***Thenia***. Umbau und Verlängerung zur Passagierfähre in Landskrona. 22 508 BRZ, 16 180 kW (22 000 PSe),187,1 m Länge ü.a., 450 Passagiere + 385 an Deck, 360 PKW.
1990 Rücklieferung. In ***Hansa Link*** umbenannt.
Malmö–Travemünde-Dienst.
Dezember: Für Truppen- und Materialtransporte in den Persischen Golf überführt.

EMS *Queen Elizabeth 2*

Cunard Line Ltd, Southampton

Bauwerft: John Brown & Co. Ltd, Clydebank; Baunr. 736
65 863 BRT / 15 976 tdw / 293,5 m Länge ü.a. / 32,0 m Breite / Zwei Satz Getriebeturbinen-Bauwerft / 82 100 kW (110 000 PSw) / 2 Schrauben / 28,5 kn / 564 I. Klasse, 1 441 Touristenklasse, bei Kreuzfahrten 1 400 / Besatzung: 906

1967 20. September: Stapellauf.
1968 26. bis 29. November: Erste Probefahrt.
17. bis 19. Dezember: Zweite Probefahrt.
23. Dezember: Jungfernkreuzfahrt von Greenock nach den Kanarischen Inseln. Unterwegs erleidet das Schiff Turbinenschaden, der zur Rückkehr an die Werft zwingt. Da auch die Passagiereinrichtungen noch nicht vollständig fertiggestellt sind, verweigert die Cunard Line die für den 1. Januar 1969 vorgesehene Übernahme.
1969 1. bis 8. April: Erneute Probefahrten.
18. April: Ablieferung.
2. Mai: Jungfernreise Southampton–New York.
Überwiegend für Kreuzfahrten eingesetzt.
1971 9. Januar: Die ***Queen Elizabeth 2*** beteiligt sich an der Rettung der Menschen auf dem französischen Liner ***Antilles***, der in der Karibik in Brand geraten war.
1972 Umbau der Passagiereinrichtungen. 604 I. Klasse, 1 223 Touristenklasse. Auf Kreuzfahrten 1 740 in einer Klasse.
66 851 BRT.
1974 1. April: 270 sm südwestlich der Bermudas fallen infolge einer schadhaften Treibstoffleitung sämtliche Kessel des Schiffes aus. Die ***Queen Elizabeth 2*** treibt manöverierunfähig im Atlantik. Nachdem eine provisorische Reparatur mit Bordmitteln nur 30 Min. hielt, werden die 1 654 Passagiere auf hoher See von dem norwegischen Cruise Liner ***Sea Venture*** übernommen.
5. April: Die ***Queen Elizabeth 2*** wird von den Schleppern ***Joan Moran*** und ***Elizabeth Moran*** auf den Haken genommen und am 7. April nach Hamilton eingeschleppt, wo der Liner repariert wird.
1978 erneute Erweiterung der Passagiereinrichtungen, 647 I. Klasse, 1 223 Touristenklasse. Auf Kreuzfahrten 1 740.
67 140 BRT.
1982 12. Mai: Als Truppentransporter für den Falkland-Konflikt übernommen.
14. August: Nach Überholung wieder im zivilen Dienst. Das Schiff führt jetzt am Schornstein die alte Cunard-Schornsteinmarke.
1986 27. Oktober: Ankunft in Bremerhaven, wo die ***Queen Elizabeth 2*** bei der Lloydwerft umgebaut und modernisiert wird.
Die Tubinenanlage wird durch eine dieselelektrische Antriebsanlage ersetzt.
Neun 9-Zyl.-Diesel von MAN/B&W erzeugen über die Generatoren eine Leistung von 130 000 PSe, die über zwei Fahrmotoren mit zusammen 86 770 kW (118 000 PSe) eine Höchstgeschwindigkeit von 32 Kn (28,5 kn

Dienstgeschwindigkeit) ermöglichen. Neben einer gründlichen Überholung aller Einrichtungen wird die Passagierkapazität auf 1 877 vergrößert.
Mit 66 450 BRT vermessen.
1987 25. April: Rücklieferung.
1989 30. März: Bis 9. Juni anläßlich des 500. Hafengeburtstages Hotelschiff in Yokohama.

Hansa Link im Mai 1990 in Travemünde. (Foto: Peter Voß)

Die *Queen Elizabeth 2* mit der Königin an Bord bei der Parade zum 150jährigen Jubiläum der Cunard Line im Juli 1990 vor Spithead. (Foto: Arnold Kludas)

EMS ***John Hamilton Gray***

Marine Atlantic Inc, Charlottetown

Erbaut für CN Marine Inc, Charlottetown

Bauwerft: Marine Industries Ltd, Sorel; Baunr. 349
11 260 BRT / 3 087 tdw / 122,1 m Länge ü.a. / 21,1 m Breite / Acht 12-Zyl.-Diesel, über acht Generatoren mit vier E-Motoren verbunden; Fairbanks / 12 000 kW (16 000 PSe) / je 2 Schrauben vorn und achtern / 18 kn / Passagiere: 1 000, davon 10 in Kabinen / 165 PKW, 260 m Gleise

1967 18. November: Stapellauf.
1968 Oktober: Fertigstellung.
Als Autofährschiff und Eisbrecher an der kanadischen Ostküste eingesetzt.
1987 Für Marine Atlantic Inc, Charlottetown, registriert.
1990 11 259 BRT.

MS ***Freewinds***

Consolidada de Ferries CA, Panama

Erbaut als ***Bohéme***

Bauwerft: OY Wärtsilä, Turku; Baunr. 1161
9 866 BRT / 134,3 m Länge ü.a. / 19,9 m Breite / Zwei 8-Zyl.Diesel; Sulzer-Bauwerft / 10 300 kW (14 000 PSe) / 2 Schrauben / 21 kn / 460 Passagiere

1968 12. Februar: Stapellauf für Wallenius Bremen GmbH, Bremen.
12. November: Ablieferung.
Kreuzfahrten von US-Häfen.
1970 Nach Umbau bei Blohm + Voss in Hamburg 10 328 BRT.
540 Passagiere.
1981 An die Sally Shipping GmbH, Bad Schwartau.
März: Für die Sally-Tochter Hanseatic Caribbean in Panama registriert.
1984 Mit 7 056 BRT vermessen.
1986 September: An die International Association of Scientologists. Für San Donato Properties Corp, Panama, registriert. Umbenannt ***Freewinds***. Kreuzfahrten für Consolidada de Ferries CA, Caracas.

TS ***Maksim Gorkiy***

Black Sea Shipping Co, Odessa
ex ***Hanseatic*** – 1974

Erbaut als ***Hamburg***
Deutsche Atlantik Linie, Hamburg

Bauwerft: Deutsche Werft AG, Hamburg; Baunr. 825
25 022 BRT / 5 766 tdw / 194,7 m Länge ü.a. / 26,6 m Breite / Zwei Satz Getriebeturbinen; AEG / 16 900 kW (22 660 PSw) / 2 Schrauben / 22 kn / 652 Passagiere / Besatzung: 403

1968 21. Februar: Stapellauf als ***Hamburg*** für die Deutsche Atlantik-Linie, Hamburg.
1969 12. bis 15. Februar: Probefahrt.
20. März: Ablieferung. Die Bauwerft ist inzwischen als Betrieb Finkenwerder in die Howaldtswerke-Deutsche Werft AG aufgegangen.
28. März: Jungfernkreuzfahrt Cuxhaven–Südamerika.
1973 24 981 BRT.
25. September: In ***Hanseatic*** umbenannt.
1. Dezember: Die in finanzielle Schwierigkeiten geratene Deutsche Atlantik Linie stellt ihren Betrieb ein. Die ***Hanseatic*** wird in Hamburg aufgelegt.
12. Dezember: Nachdem ein geplanter Verkauf des Schiffes an die japanische Ryutsu Kaiun KK nicht zustande kam, wird der Liner an die Robin International Corp in New York verkauft, die die ***Hanseatic*** für die sowjetische Staatsreederei erwirbt.
1974 25. Januar: Übergabe an die Black Sea Shipping Co, Odessa, umbenannt ***Maksim Gorkiy***. 600 Passagiere. Einsatz in der weltweiten Kreuzfahrt.
1988 29. April: Ankunft bei der Lloyd-Werft in Bremerhaven, wo Modernisierungsarbeiten ausgeführt werden.
2. Juni: Rücklieferung.
1989 19. Juni: Mit 575 Passagieren und 378 Besatzungsmitgliedern läuft die ***Maksim Gorkiy*** auf einer Kreuzfahrt von Island nach der Magdalenenbucht in Spitzbergen. Der mit diesem Seegebiet nicht vertraute Kapitän läuft mit viel zu hoher Fahrt (18,5 Kn) in ein ihm durch Radarbeobachtung bekanntes Treibeisfeld hinein. Kurz vor Mitternacht wird das Schiff durch Packeis leckgeschlagen und beginnt zu sinken. Der Kapitän läßt SOS funken und bootet die Passagiere sowie 120 Mann der Besatzung aus.
20. Juni: Das norwegische Küstenwachschiff ***Senja*** trifft um 3 Uhr morgens am Unfallort ein und unterstützt durch Taucherhilfe die Lecksicherungsarbeiten auf der ***Maksim Gorkiy***. Im Laufe des Tages gelingt es, das vorn bereits bis zum Hauptdeck weggesunkene Schiff zu stabilisieren. Die bei Temperaturen um den Gefrierpunkt in den Booten und teilweise auf Eisschollen ausharrenden Passagiere werden an Bord der ***Senja*** genommen; schwächere und kranke Fahrgäste werden von Hubschraubern geborgen und nach Spitzbergen geflogen. Danach bringt ***Senja*** die Schiffbrüchigen nach Longyearbyen auf Spitzbergen.
21. Juni: Die ***Maksim Gorkiy*** wird zur provisorischen Abdichtung nach Spitzbergen in eine Bucht geschleppt. Die Passagiere werden nach Düsseldorf geflogen.
4. Juli: Die ***Maksim Gorkiy*** trifft mit eigener Kraft in Bremerhaven ein, wo sie auf der Lloydwerft bis zum 17. August repariert wird.

Fährschiff *John Hamilton Gray* der CN Marine. (Foto: CN Marine)

Freewinds im Januar 1988 vor Curacao. (Foto: Steffen Weirauch)

Die *Maksim Gorkiy* verläßt nach der Reparatur ihrer Eisschäden Bremerhaven. (Foto: Peter Voß)

MS *Scandinavian Sun*

SeaEscape (Bahamas) Ltd, Nassau

ex ***Caribe Bremen*** – 1982; ex ***Caribe*** – 1981; ex ***Svea Star*** 1976; ex ***Freeport*** – 1974; ex ***Freeport I*** – 1973

Erbaut als ***Freeport***
Freeport Cruises Lines Inc, Monrovia

Bauwerft: Orenstein Koppel & Lübecker Maschinenbau AG, Lübeck; Baunr. 658
10 488 BRT / 2 316 tdw / 134,5 m Länge ü.a. / 21,5 m Breite / Zwei 16-Zyl.-Diesel mit Getriebe; Pielstick-OEW / 11 770 kW (16 000 PSe) / 2 Schrauben / 20 kn / 812 Passagiere / 144 PKW

1968 20. April: Stapellauf als ***Freeport***.
16. November: Probefahrt.
22. November: Ablieferung. Umbenannt ***Freeport I***.
Für Kreuzfahrten ab Miami und im Miami–Freeport-Dienst eingesetzt.
1973 An die Birka Line A/B, Mariehamn, verkauft. Umbenannt ***Freeport***. 9 963 BRT.
Oktober: An die Stockholms Rederi A/B Svea, Stockholm, weiterverkauft.
1974 Umbenannt ***Svea Star***.
1974 März: Erste Reise Helsingborg–Travemünde.
1976 An die Bremer Schiffahrtsgesellschaft mbH & Co KG, Bremen, verkauft.
4. November: Umbenannt in ***Caribe***.
9 908 BRT. Kreuzfahrten in der Karibik.
1981 März: Als ***Caribe Bremen*** nach Panama ausgeflaggt.
An die DFDS Seaways (Bahamas) Ltd, Nassau.
1982 Umbenannt ***Scandinavian Sun***.
November: In Hamburg bei Howaldtswerke-Deutsche Werft für Tageskreuzfahrten umgebaut. 280 Passagiere + 820 an Deck.
9 902 BRT.
1982 Januar: Auf der Route Miami–Freeport in Dienst.
1989 An SeaEscape (Bahamas) Ltd, Nassau.

MS *Starward*

Kloster Cruise Ltd, Nassau

Erbaut für Klosters R/A, Oslo

Bauwerft: AG Weser, Werk Seebeck, Bremerhaven; Baunr. 935
12 949 BRT / 3 241 tdw / 160,1 m Länge ü.a. / 22,8 m Breite / Zwei 16-Zyl.-Diesel; MAN / 12 950 kW (17 380 PSe) / 2 Schrauben / 21 kn / 736 Passagiere / Besatzung: 225

1968 27. April: Stapellauf des 90 m langen Achterschiffes.
21. Juni: Rumpf im Baudock aufgeschwommen.
29. November: Ablieferung.
21. Dezember: Erste Kreuzfahrt ab Miami. Kreuzfahrten in der Karibik.
1985 In Jacksonville von 350 Mitarbeitern der Lloydwerft, Bremerhaven, generalüberholt. Die Werft hatte die Leute in die USA fliegen lassen, um die Ausfallzeit für die Reederei möglichst kurz zu halten. Nach dem Umbau 928 Passagiere. Von Klosters auf die K/S A/S Starward, Oslo, übertragen.
1988 Von Kloster Cruise Ltd, Nassau übernommen.

MS *Skyward*

Kloster Cruise Ltd, Nassau

Erbaut für Klosters R/A, Oslo

Bauwerft: AG Weser, Werk Seebeck, Bremerhaven; Baunr. 942
16 254 BRT / 2 110 tdw / 160,1 m Länge ü.a. / 22,8 m Breite / Zwei 16-Zyl.-Diesel; MAN / 12 950 kW (17 380 PSe) / 2 Schrauben / 21 kn / 750 Passagiere / Besatzung: 250

1969 27. April: Stapellauf des 90 m langen Achterschiffes.
28. Juni: Schiffsrumpf im Baudock aufgeschwommen.
10. Dezember: Ablieferung.
14-Tage Kreuzfahrten in der Karibik ab Miami.
1985 Von Klosters auf die K/S A/S Skyward, Oslo übertragen.
1988 Von Kloster Cruise Ltd, Nassau übernommen.
1990 920 Passagiere.

Die *Skyward* in Miami. (Foto: Martin Lochte-Holtgreven)

Für DFDS in der Karibik: die *Scandinavian Sun*. (Foto: Sammlung Weirauch)

Die *Starward* 1988 in Martinique. (Foto: Steffen Weirauch)

MS *Song of Norway*

Royal Caribbean Cruise Line, Oslo

Bauwerft: OY Wärtsilä, Helsinki; Baunr. 392
18416 BRT / 3202 tdw / 168,3 m Länge ü.a. / 24,0 m Breite / Vier 9-Zyl.-Diesel mit Getriebe; Sulzer-Wärtsilä / 13400 kW (18000 PSe) / 2 Schrauben / 20,5 kn / 724 Passagiere / Besatzung: 320

1969 2. Dezember: Stapellauf.
1970 5. Oktober: Ablieferung.
Registriert für die Sameiet MS Song of Norway, Oslo.
7. November: Jungfernkreuzfahrt ab Miami.
1978 30. August: Ankunft in Helsinki, wo das Schiff bei Wärtsilä um 26 m verlängert wird.
23005 BRT, 4525 tdw, 194,3 m Länge ü.a., 1196 Passagiere, Besatzung: 400.
26. November: Nach beendetem Umbau von Helsinki nach Miami ausgelaufen.
1990 Für Song of Norway Ltd, Oslo, registriert.

Die *Sun Viking*. (Foto: Antonio Scrimali)

MS *Nordic Prince*

Royal Caribbean Cruise Line, Oslo

Bauwerft: OY Wärtsilä, Helsinki; Baunr. 393
18436 BRT / 2439 tdw / 168,3 m Länge ü.a. / 24,0 m Breite / Vier 9-Zyl.-Diesel mit Getriebe; Sulzer-Wärtsilä / 13400 kW (18000 PSe) / 2 Schrauben / 21 kn / 714 Passagiere / Besatzung: 320

1970 9. Juli: Stapellauf.
1971 8. Juli: Ablieferung.
Für Sameiet Nordic Prince in Oslo registriert.
31. Juli: Jungfernkreuzfahrt ab Miami.
1980 Ankunft in Helsinki, wo das Schiff bei Wärtsilä um 26 m verlängert wird.
23200 BRT, 3700 tdw, 194,3 m Länge ü.a., 1194 Passagiere, Besatzung: 400.
17. Juni: Beendigung des Umbaus.
1990 Für P/R Nordic Prince, London, registriert.

MS *Sun Viking*

Royal Caribbean Cruise Line, Oslo

Bauwerft: OY Wärtsilä, Helsinki; Baunr. 394
18559 BRT / 3202 tdw / 171,7 m Länge ü.a. / 24,0 m Breite / Vier 9-Zyl.-Diesel mit Getriebe; Sulzer-Wärtsilä / 13400 kW (18000 PSe) / 2 Schrauben / 21 kn / 880 Passagiere / Besatzung: 320

1971 27. November: Stapellauf.
1972 10. November: Ablieferung. Für die Sameiet MS Sun Viking in Oslo registriert.
9. Dezember: Jungfernkreuzfahrt ab Miami in die Karibik.
1990 Für Sun Viking Ltd, Oslo, registriert.

MS *City of Taranto*

Tony Travel & Agency Ltd, Valletta
In Dienst als ***Kydon***
Anonymos Neftiliaki Eteria Kritis AE, Chania

Bauwerft: P. Smit Jr., Rotterdam; Baunr. 605
10814 BRT / 154,1 m Länge ü.a. / 19,8 m Breite / Ein 6-Zyl.Diesel; B&W-Smit / 4125 kW (5530 PSe) / 1 Schraube / 14,3 kn / 860 Passagiere

1953 28. März: Stapellauf als Tanker ***Wirakel*** für Phs. van Ommeren NV, Rotterdam.
Juni: Fertigstellung für die Suomen Tankkilaiva O/Y, Helsinki.
9583, später 10016 BRT.
1968 Von der Cretan Maritime Co angekauft. Umbenannt in ***Kydon***.
Umbau zur Auto- und Passagierfähre. Für die ANEK eingetragen.
1970 Auf der Route Piräus–Chania in Dienst gestellt.
1985 10714 BRT.
1989: An Lelakis verkauft, für Jo-Dim Investment Ltd registriert, umbenannt ***City of Taranto***.
Bereedert von Tony Travel & Agency Ltd, Valletta. 10713 BRT.

Die *Kydon* wurde in *City of Taranto* umbenannt. (Foto: Rudie Kleyn)

Die verlängerte *Song of Norway* (Foto: Wärtsilä)

Nordic Prince nach der Verlängerung.
(Foto: Luis M. Correia)

MS *Pacific Princess*

P & O Lines Ltd, London

Erbaut als ***Sea Venture***
Norwegian Cruiseships A/S, Oslo

Bauwerft: Rheinstahl Nordseewerke, Emden; Baunr. 411
19 903 BRT / 3 673 tdw / 168,7 m Länge ü.a. / 24,6 m Breite / Vier 10-Zyl.-Diesel mit Getriebe; Fiat / 13 400 kW (18 000 PSe) / 2 Schrauben / 21,5 kn / 767 Passagiere / Besatzung: 317

1970 9. Mai: Stapellauf.
1971 8. Mai: Gästefahrt.
14. Mai: Taufe auf den Namen ***Sea Venture*** und Ablieferung in Oslo.
Juni: Jungfernkreuzfahrt New York–Hamilton unter Bereederung der Flagship Cruises Ltd.
1972 September: Das bisher gemeinsam den norwegischen Reedereien Lorentzen und Fearnley & Eger gehörende Schiff wird von O.Lorentzen, Oslo übernommen.
1974 Oktober: An die P & O Line, London verkauft mit Lieferung April 1975.
1975 Übernahme und Umbenennung in ***Pacific Princess***.
20 636 BRT. 600 Passagiere.

Discovery I

siehe Farbteil Seite 104

Die *Pacific Princess* auf Nordlandfahrt. (Foto: Hans Jürgen Amberg)

MS ***Island Princess***

P & O Lines Ltd, London

Erbaut als ***Island Venturer***
Norwegian Cruiseships A/S, Oslo

Bauwerft: Rheinstahl Nordseewerke, Emden; Baunr. 414
19 907 BRT / 3 390 tdw / 168,7 m Länge ü.a. / 24,6 m Breite / Vier 10-Zyl.-Diesel mit Getriebe; Fiat / 13 400 kW (18 000 PSe) / 2 Schrauben / 21,5 kn / 767 Passagiere / Besatzung: 317

1971 6. März: Stapellauf.
20. November: Probefahrt.
14. Dezember: In Oslo auf den Namen ***Island Venture*** getauft.
1972 4. Januar: Ablieferung.
New York–Hamilton-Kreuzfahrten in Regie der Flagship Cruises.
September: Das bisher gemeinsam den norwegischen Reedereien Lorentzen und Fearnley & Eger gehörende Schiff geht in das Eigentum von Fearnley & Eger, Oslo über. Umbenannt ***Island Princess***. Kreuzfahrten von US-Häfen.
1974 August: An die P & O Lines Ltd, London verkauft. Weiter Kreuzfahrten von US-Häfen. 600 Passagiere.

MS ***The Azur***

Chandris SA, Panama
ex ***Azur*** – 1987

Erbaut als ***Eagle***
Southern Ferries Ltd (P & O), London

Bauwerft: Dubigeon-Normandie SA, Nantes; Baunr. 123
11 609 BRT / 2 085 tdw / 142,1 m Länge ü.a. / 21,9 m Breite / Zwei 12-Zyl.-Diesel mit Getriebe; Pielstick-Atlantique / 16 300 kW (21 800 PSe) / 2 Schrauben / 23 kn / 740 Passagiere / Besatzung: 138 / 200 PKW

1970 16. Oktober: Stapellauf.
1971 22. April: Probefahrt.
16. Mai: Ablieferung.
18. Mai: Jungfernreise Southampton–Lissabon–Tanger.
1975 Oktober: An die Nouvelle Cie de Paquebots, Marseille. Umbenannt ***Azur***. Fährdienst und Kreuzfahrten im Mittelmeer.
1981 Umbau zum Kreuzfahrtschiff. 10 718 BRT. Keine Autos mehr, dafür zusätzlich Passagierräume. 1 039 Fahrgäste. Mittelmeer-Cruises ab Toulon.
1983 14 717 BRT.
1984 13 965 BRT.
1987 An Chandris verkauft, umbenannt ***The Azur***. Für Azur Transportation Inc, Panama, registriert. 8 936 BRT.

MS ***Candi***

SeaEscape, Nassau
ex ***Scandinavian Star*** – 1990; ex ***Island Fiesta*** – 1984; ex ***Stena Baltica*** – 1984

Erbaut als ***Massalia***
Nouvelle Cie de Paquebots, Marseille

Bauwerft: Dubigeon-Normandie SA, Nantes; Baunr. 124
10 513 BRT / 2 100 tdw / 142,1 m Länge ü.a. / 21,9 m Breite / Zwei 16-Zyl.-Diesel mit Getriebe; Pielstick-Atlantique / 11 700 kW (15 780 PSe) / 2 Schrauben / 20 kn / 494 I. Klasse, 316 Touristenklasse / Besatzung: 84 / 260 PKW, 36 LKW

1971 19. Januar: Stapellauf.
Juli: Fertigstellung.
Dienst Marseille–Casablanca–Kanarische Inseln.
1983 Dezember: An die Stena Cargo Line Ltd, Stockholm, verkauft.
1984 Januar: Übernahme durch Stena, umbenannt in ***Stena Baltica***.
November: Für Tageskreuzfahrten ab Tampa, Mexiko, umgebaut und in ***Island Fiesta*** umbenannt.
Dezember: Erneute Umbenennung. Als ***Scandinavian Star*** unter Bereederung der Scandinavian World Cruises in Dienst gestellt.

1988 16. März: 60 Seemeilen vor der mexikanischen Ostküste bricht im Maschinenraum ein Feuer aus, das von der Besatzung gelöscht werden kann. Zur Reparatur nach Miami geschleppt.
1990 März: An die dänische Da-No Line für den Dienst Frederikshavn–Oslo verchartert.
7. April: Auf der Reise von Oslo nach Frederikshavn bricht an Bord ein Feuer aus, das sich schnell ausbreitet. Verständigungsschwierigkeiten in der aus verschiedenen Nationalitäten zusammengesetzten Besatzung sowie zwischen Besatzung und Passagieren führen zu einem chaotischen Wirrwar an Bord, der zwangsläufig in einem „Rette-sich-wer-kann"-Chaos endet.
Mindestens 158 Menschen kommen in den Flammen ums Leben. Als Ursache des Feuers wird mit ziemlicher Berechtigung Brandstiftung angenommen. Das noch immer brennende Schiff wird nach Lysekil eingeschleppt.
20. April: Die als Totalverlust zu betrachtende ***Scandinavian Star*** wird zur Untersuchung des Unfalls nach Kopenhagen geschleppt.
11. August: Ankunft im Schlepp der ***Valkyrien*** in Hull, wo bei Humber Shiprepairs Ltd, Immingham, geprüft werden soll, ob eine Reparatur des Schiffes möglich ist.
Umbenannt ***Candi***.
10. September: Ankunft im Schlepp von ***Maersk Blazer*** in Southampton.

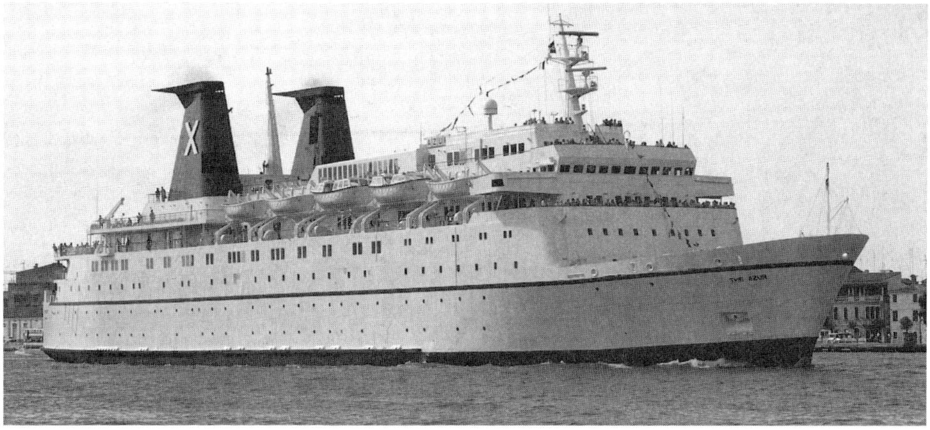
Chandris-Liner *The Azur*. (Foto: Hans Jürgen Amberg)

Scandinavian Star nach dem folgenschweren Brand. (Foto: Frank Heine)

Die *Island Princess*. (Foto: Sammlung Weirauch)

MS ***Jupiter***

Color Line A/S, Oslo
ex ***Bolero*** – 1991; ex ***Scandinavica*** – 1982

Erbaut als ***Bolero***
Fred Olsen & Co, Oslo

Bauwerft: Dubigeon-Normandie SA, Nantes; Baunr. 133 A
11 344 BRT / 1 829 tdw / 141,5 m Länge ü.a. / 21,9 m Breite / Zwei 12-Zyl.-Diesel mit Getriebe; Pielstick-Atlantique / 14 200 kW (20 400 PSe) / 2 Schrauben / 21 kn / 967 Passagiere / Besatzung: 84 / 250 PKW

1972 13. Juni: Stapellauf.
1973 Februar: Fertigstellung.
Die für einen nicht aufgenommenen Dienst zwischen Travemünde und Södertälje bestellte ***Bolero*** wird zunächst für die Prinzenlinie auf der Route Bremerhaven– bzw. Hamburg–Harwich eingesetzt, ehe sie im März nach den USA geht und im Dienst Portland–Yarmouth läuft. Im Winter Kreuzfahrten.
1976 Oktober: In den Newcastle–Oslo-Dienst eingestellt.
1978 April: In Charter der Stena Line A/B unter dem Namen ***Scandinavica*** Göteborg–Kiel-Dienst.
1981 Einsatz bei Brittany Ferries als ***Tregor*** geplant, jedoch nicht realisiert. Auf der Frederikshavn Vaerft für die Beförderung von 1 600 Passagieren, 872 in Kabinen + 728 Deck, und 420 PKW umgebaut. 10 568 BRT.
1982 23. September: Erste Reise im Dienst Hirtshals–Stavanger–Bergen, wieder als ***Bolero***.
1983 3. Mai: Auf der Reise von Stavanger nach Kristiansand bricht im Autodeck ein Brand aus. Die Passagiere werden an andere Schiffe übergeben, ein Fahrgast stirbt.
Nach anschließender Reparatur bei Blohm + Voss wieder in Dienst.
1990 Fährdienst Bergen–Aalesund–Molde–Newcastle.
15. Dezember: Übernahme des Schiffes durch die Color Line A/S, Oslo.
1991 Umbenannt ***Jupiter***. 11 675 BRT.

Die *Bolero* 1990 im Hamburger Hafen. (Foto: Eckhard Biermann)

MS ***Tassili***

Entreprise Nationale de Transport Maritime des Voyageurs (ENTMV), Algier

Erbaut als ***Central No 1***
Central Ferry Co, Kobe

Bauwerft: Mitsubishi Heavy Industries, Shimonoseki; Baunr. 688
5 744 BRT / 130,4 m Länge ü.a. / 22,0 m Breite / Zwei 9-Zyl.-Diesel; Mitsubishi / 11 200 kW (15 000 PSe) / 2 Schrauben / 19,5 kn / 59 I. Klasse, 416 II. Klasse, 80 LKW-Fahrer, 300 an Deck / 20 PKW, 130 LKW

1970 14. November: Stapellauf.
1971 29. März: Ablieferung.
Kobe–Tokio-Dienst.
1973 Ankauf durch die Cie Nationale Algerienne de Navigation Maritime (CNAN), Algier. Umbenannt in ***Tassili***.
Marseille–Algier–Oran-Dienst.
1974 Mit 10 233 BRT vermessen.
1984 Für Société Nationale de Transport Maritime & Cie Nationale Algerienne de Navigation Maritime (SNTM/CNAN), Algier, gemeinsam eingetragen.
1990 Für Entreprise Nationale de Transport Maritime des Voyageurs (ENTMV), Algier, registriert. 600 Passagiere + 300 an Deck.

Sunward

siehe Farbteil Seite 105

Tassili beim Einlaufen nach Marseille. (Foto: Arnold Kludas)

MS *El Djazair*

Entreprise Nationale de Transport Maritime des Voyageurs (ENTMV), Algier

Erbaut als ***Central No 3***
Central Ferry Co, Kobe

Bauwerft: Kanasashi Zosensho, Shimizu; Baunr. 965
5647 BRT / 2847 tdw / 130,4 m Länge ü.a. / 22,0 m Breite / Zwei 14-Zyl.-Diesel mit Getriebe; MAN-Kawasaki / 11350 kW (15200 PSe) / 2 Schrauben / 19,5 kn / 500 Passagiere + 300 an Deck / 22 PKW, 99 LKW

1971 26. März: Stapellauf.
22. Juli: Ablieferung.
1973 An die Cie Nationale Algerienne de Navigation Maritime, Algier (CNAN), Algier, verkauft, umbenannt in ***El Djazair***.
Marseille–Algier–Oran-Dienst.
1974 Mit 12529 BRT vermessen.
1984 Für Soc Nationale de Transport Maritime und Cie Nationale Algerienne de Navigation Maritime (SNTM/CNAN), Algier gemeinsam registriert.
1989 12124 BRT.
1990 Für Entreprise Nationale de Transport Maritime des Voyageurs (ENTMV), Algier, registriert.

Nach einer Generalüberholung ihrer Maschinenanlage verläßt die *El Djazair* im August 1990 den Hamburger Hafen. (Foto: Eckhard Biermann)

MS *Westward*

Norwegian Cruise Line, Nassau

ex ***Royal Viking Star*** – 1991
Royal Viking Line, Nassau

Bauwerft: OY Wärtsilä, Helsinki; Baunr. 395
21847 BRT / 3595 tdw / 177,7 m Länge ü.a. / 25,2 m Breite / Vier 9-Zyl.-Diesel mit Getriebe; Sulzer-Wärtsilä / 13400 kW (18000 PSe) / 2 Schrauben / 21 kn / 539 Passagiere / Besatzung: 326

1971 12. Mai: Stapellauf.
1972 26. Juni: Ablieferung. Eigentümer ist Det Bergenske D/S, Bergen.
Weltweit in der Kreuzfahrt eingesetzt.
1981 30. August: Ankunft in Bremerhaven, wo das Schiff durch ein von der Seebeckwerft vorgefertigtes Mittelschiff um 27,7 m verlängert wird.
22. November: Nach beendetem Umbau abgeliefert.
28221 BRT, 5656 tdw, 758 Passagiere, 205,5 m Länge ü.a.
1984 Mai: Übereinkommen mit einer US-Gruppe unter Führung von J.H.Whithney & Co zur Übernahme der Royal Viking Line. Nicht realisiert.
August: Verkauf der Reederei an die Norwegian Caribbean Lines A/S in Oslo, jedoch weiter als Royal Viking Line betrieben. 812 Passagiere.
1988 Für Kloster Cruise Ltd, Nassau, registriert.
1990 28492 BRT.
1991 April: Von Norwegian Cruise Line bereedert, umbenannt ***Westward***.
790 Passagiere.

Royal Viking Star in Bremerhaven. (Foto: Peter Voß)

MS ***Royal Viking Sky***

Royal Viking Line, Nassau

Bauwerft: OY Wärtsilä, Helsinki; Baunr. 396
21 891 BRT / 3 595 tdw / 177,7 m Länge ü.a. / 25,2 m Breite / Vier 9-Zyl.-Diesel mit Getriebe; Sulzer-Wärtsilä / 13 400 kW (18 000 PSe) / 2 Schrauben / 21 kn / 536 Passagiere / Besatzung: 324

1972 25. Mai: Stapellauf.
1973 5. Juni: Ablieferung. Eigentümer ist Det Nordenfjelske DS, Trondheim.
In der weltweiten Kreuzfahrt eingesetzt.
1982 10. September: Ankunft in Bremerhaven, wo das Schiff durch ein von der Seebeckwerft vorgefertigtes Mittelschiff um 27,7 m verlängert wird.
27. November: Ablieferung nach beendetem Umbau. 28 078 BRT, 5 660 tdw, 205,5 m Länge ü.a., 812 Passagiere.
1984 Mai: Verkaufsvereinbarungen mit einer US-Investorengruppe, nicht realisiert.
August: An die Norwegian Caribbean Lines A/S, Oslo verkauft, jedoch weiter als Royal Viking Line betrieben.
1987 Für Kloster Cruise Ltd, Nassau registriert.

Die illuminierte *Royal Viking Sky*. (Foto: Peter Voß)

Royal Viking Sea 1987. (Foto: Steffen Weirauch)

MS ***Royal Viking Sea***

Royal Viking Line, Nassau

Bauwerft: OY Wärtsilä, Helsinki; Baunr. 397
21 848 BRT / 3 594 tdw / 177,7 m Länge ü.a. / 25,2 m Breite / Vier 9-Zyl.-Diesel mit Getriebe; Sulzer-Wärtsilä / 13 400 kW (18 000 PSe) / 2 Schrauben / 21 kn / 636 Passagiere / Besatzung: 324

1973 19. Januar: Stapellauf.
16. November: Ablieferung. Eigentümer ist die A.F.Klaveness & Co A/S, Oslo
25. November: Jungfernreise im Dienst Bergen–Newcastle als Ersatz für die ***Leda***, die überholt wird.
Dezember: In der weltweiten Kreuzfahrt eingesetzt.
1983 11. März: Ankunft in Bremerhaven, wo das Schiff durch ein von der Seebeckwerft vorgefertigtes Mittelschiff um 27,7 m verlängert wird.
5. Juni: Ablieferung nach beendetem Umbau. 28 018 BRT, 5 660 tdw, 205,5 m Länge ü.a., 812 Passagiere.
29. November: Rettung von 151 Überlebenden der gesunkenen indischen Fähre ***Dojo***; die Schiffbrüchigen hatten 11 Tage lang in den Gewässern vor Celebes gedriftet.
1984 Mai: Verkaufsvereinbarungen mit einer US-Investorengruppe, nicht realisiert.
August: Auf die Norwegian Caribbean Lines A/S, Oslo, übertagen, jedoch weiter als Royal Viking Line betrieben.
1987 Für Kloster Cruise Ltd, Nassau, registriert.

MS ***Sun Flower***

Kurushima Kosan Co Ltd, Osaka

Erbaut für Nippon Kosoku Ferry Co, Tokio

Bauwerft: Kawasaki Heavy Industries, Kobe; Baunr. 1158
12 116 BRT / 3 243 tdw / 185,7 m Länge ü.a. / 24,0 m Breite / Vier 12-Zyl.-Diesel mit Getriebe; MAN-Kawasaki / 19 500 kW (26 080 PSe) / 2 Schrauben / 24 kn / 1 124 Passagiere / Besatzung: 87 / 208 PKW, 84 LKW

1971 6. September: Stapellauf.
1972 18. Januar: Ablieferung.
1. Februar: Jungfernreise Nagoya–Kagoshima.
1978 An die Taiyo Ferry KK, Kanda.
1983 12 130 BRT. 1 124 Passagiere.
1987 Für Kurushima Kosan, Osaka, registriert.

MS *Sun Flower 2*

Kurushima Kosan Co Ltd, Osaka

Erbaut für Nippon Kosoku Ferry KK, Tokio

Bauwerft: Kawasaki Heavy Industries, Kobe; Baunr. 1159
12 090 BRT / 3 317 tdw / 185,7 m Länge ü.a. / 24,0 m Breite / Vier 12-Zyl.-Diesel mit Getriebe; MAN-Kawasaki / 19 500 kW (26 080 PSe) / 2 Schrauben / 24 kn / 1 378 Passagiere / Besatzung: 87 / 208 PKW, 84 LKW

1972 18. Januar: Stapellauf als ***Sun Rise*** für die Nippon Kosoku Ferry Co, Tokio.
17. Mai: Als ***Sun Flower 2*** abgeliefert.
28. Mai: Jungfernreise Nagoya–Kagoshima.
1978 An die Taiyo Ferry KK.
1983 An die Osaka Shosen Mitsu Senpaku KK, Osaka. 12 104 BRT, 1 124 Passagiere.
1987 Für Kurushima Kosan Co Ltd, Osaka registriert. 12 111 BRT.

MS *Sun Flower Osaka*

Blue Highway Line, Tokio

Erbaut als MS ***Sun Flower 5***
Nippon Kosoku Ferry KK, Otaru

Bauwerft: Kurushima Dock Co, Imabari; Baunr. 730
12 711 BRT / 3 231 tdw / 185,0 m Länge ü.a. / 24,0 m Breite / Vier 12-Zyl.-Diesel mit Getriebe; MAN-Kawasaki / 19 450 kW (26 080 PSe) / 2 Schrauben / 24 kn / 1 079 Passagiere / Besatzung: 87 / 92 PKW, 100 LKW

1973 5. März: Fertigstellung.
21. März: Jungfernreise Tokio–Kochi.
1978 13 334 BRT.
1982 Nach Umbau mit 13 338 BRT vermessen.
1984 13 321 BRT.
1987 An Kurushima Kosan Co Ltd, Tokio.
1991 ***Sun Flower Osaka***, Blue Highway Line, Tokio.

MS *Sun Flower Tosa*

Blue Highway Line, Tokio

Erbaut als ***Sun Flower 8***
Nippon Kosoku Ferry KK, Tokio

Bauwerft: Kurushima Dock Co, Imabari; Baunr. 731
12 759 BRT / 3 280 tdw / 185,0 m Länge ü.a. / 24,0 m Breite / Vier 12-Zyl.-Diesel mit Getriebe; MAN-Kawasaki / 19 500 kW (26 080 PSe) / 2 Schrauben / 24 kn / 1 079 Deckspassagiere / Besatzung: 87 / 92 PKW, 100 LKW

1973 25. Juni: Fertigstellung.
4. Juli: Jungfernreise Tokio–Kochi.
1984 12 771 BRT.
1987 An Kurushima Kosan Co Ltd, Tokio. 12 572 BRT, 805 Deckspassagiere.
1990 1 079 Passagiere.
1991 17. Januar: ***Sun Flower Tosa,*** Blue Highway Line, Tokio.

Sun Flower 2, links, und *Sun Flower 8*, die jetzt unter neuem Namen läuft. (Fotos: Yoshitatsu Fukawa)

Sun Flower 5. (Foto: Sammlung Kludas)

MS ***Southward***

Norwegian Caribbean Lines, Nassau

Erbaut für Klosters R/A, Oslo

Bauwerft: Cant Nav dell Tirreno e Riuniti, Riva Trigoso; Baunr. 288
16607 BRT / 2388 tdw / 163,4 m Länge ü.a. / 22,8 m Breite / Vier 10-Zyl.-Diesel mit Getriebe; Fiat / 13400 kW (18000 PSe) / 2 Schrauben / 21,5 kn / 918 Passagiere / Besatzung: 250

1971 5. Juni: Stapellauf.
Dezember: Fertigstellung.
14-Tage Kreuzfahrten ab Miami in die Karibik.
1985 Von Klosters auf die K/S A/S Southward, Oslo übertragen.
1987 Für Kloster Cruise Ltd, Nassau, registriert, von Norwegian Caribbean Lines bereedert.

MS ***Scotia Prince***

Transworld Steamship Co Inc, Panama

Erbaut als ***Stena Olympica***
Stena Line A/B, Göteborg

Bauwerft: Brodogradiliste Titovo, Kraljevica; Baunr. 399
6666 BRT / 1321 tdw / 124,8 m Länge ü.a. / 19,5 m Breite / Zwei 18-Zyl.-Diesel mit Getriebe; Pielstick-Lindholmen / 13240 kW (18000 PSe) / 2 Schrauben / 21,5 kn / 866 Passagiere + 634 an Deck / 250 PKW

1971 18. September: Stapellauf.
1972 Fertigstellung.
Auf den Routen Göteborg–Kiel und Kiel–Korsör eingesetzt.
1982 An die Transworld Steamship Co Inc, Panama, verkauft, die das Schiff für die Prince of Fundy Cruises Ltd in der Fahrt zwischen Portland, Maine, und Yarmouth, Nova Scotia, einsetzt.
Umbenannt in ***Scotia Prince***. Neue Vermessung: 5005 BRT.
1986 8. November: Ankunft in Flensburg, wo das Schiff bei der Neuen Flensburger Schiffbau-Gesellschaft um 18,2 m verlängert wird und zusätzliche Passagierkabinen eingebaut werden.
1987 26. März: Rücklieferung an die Reederei.
Daten nach dem Umbau: 11968 BRZ, 1930 tdw, 143,0 m Länge ü.a., 1189 Passagiere + 311 an Deck, Besatzung: 211, 240 PKW.

MS ***Saint Killian II***

Irish Continental Group PLC (Irish Ferries), Dublin
ex ***Saint Killian*** – 1982

Erbaut als ***Stena Scandinavica***
Stena Line A/B, Göteborg

Bauwerft: Brodogradiliste „Titovo", Kraljevica; Baunr. 400
6667 BRT / 1471 tdw / 124,8 m Länge ü.a. / 19,5 m Breite / Zwei 18-Zyl.-Diesel; Pielstick-Lindholmens / 13430 kW (18000 PSe) / 2 Schrauben / 21,5 kn / 873 Passagiere + 727 an Deck / 278 PKW

1972 September: Stapellauf.
1973 Fertigstellung.
Göteborg–Kiel–Korsör-Dienst.
1978 An die Irish Continental Line in Dublin verkauft, umbenannt ***Saint Killian***.
Mai: Erste Reise im Fährdienst Rosslare–Cherbourg.
1981 In Amsterdam um 32 m auf 156,9 m ü.a. verlängert. Jetzt 10256 BRT, 1340 Passagiere + 626 an Deck, 378 PKW.
1982 26. Februar: Nach Umbau abgeliefert. Anschließend stellt sich das in ***Saint Killian II*** umbenannte Schiff in mehren europäischen Häfen vor.
15. März: Erste Reise im Dienst Rosslare–Le Havre.
1986 24. Dezember: Mit 300 Passagieren an Bord nach einem Brand im Maschinenraum vor Cornwall gestrandet. Geborgen und nach Falmouth geschleppt.
1987 25. Januar: Eintreffen zur 30-tägigen Reparatur bei Blohm + Voss in Hamburg.

Klosters *Southward*. (Foto: H. J. Amberg)

Die *St. Killian II.* (Foto: Hans Jürgen Amberg)

Die *Scotia Prince*. (Foto: Sammlung Brogren)

MS *Princess of Acadia*

Marine Atlantic Inc, Saint John

Erbaut für Canadian Pacific Ltd., Montreal

Bauwerft: Saint John Shipbuilding & Drydock Co., St.John; Baunr. 1098
10 109 BRT / 2 447 tdw / 146,3 m Länge ü.a. / 20,1 m Breite / Vier 16-Zyl.-Diesel mit Getriebe; General Motors / 8 550 kW (11 500 PSe) / 2 Schrauben / 18,75 kn / 641 Passagiere, davon 9 in Kabinen / Besatzung: 42 / 159 PKW

1971 Stapellauf als ***Princess of Nova***. Vor Ablieferung umbenannt.
15. Mai: Fertigstellung.
27. Mai: Jungfernreise im Fährdienst von New Brunswick nach Nova Scotia.
1974 An die kanadische Regierung verkauft.
1979 Für die CN Marine Inc, Saint John, registriert.
1984 10 051 BRT.
1987 Für Marine Atlantic Inc, St.John's, eingetragen.
1990 Heimathafen Saint John.

MS *Shin Sakura Maru*

Mitsui-OSK Lines (Passenger) Ltd, Osaka

Erbaut für Nihon Sangyo Junko Mihonichi Kyokai, Tokio

Bauwerft: Mitsubishi Heavy Industries, Kobe; Baunr. 1033
13 082 BRT / 4 700 tdw / 175,8 m Länge ü.a. / 24,6 m Breite / Ein 8-Zyl.-Diesel; Mitsubishi / 16 100 kW (21 600 PSe) / 1 Schraube / 20,5 kn / 92 Passagiere / Besatzung: 79

1971 18. Dezember: Stapellauf.
1972 18. Juli: Ablieferung an die Nihon Sangyo Junko Mihonichi Kyokai, Tokio.
27. Juli: Jungfernreise Tokio–Europa als schwimmendes Ausstellungsschiff für japanische Industrieerzeugnisse. Wenn das Schiff nicht für Ausstellungszwecke benötigt wird, läuft es im Japan–Amerika-Dienst der Mitsui OSK Lines und auf anderen Routen, ab 1973 ohne Passagiere.
1980 Dezember: An die Mitsui-OSK Lines verkauft.
1981 August: Bis Dezember bei Mitsubishi zum Kreuzfahrtschiff umgebaut. 16 431 BRT, 552 Passagiere. Kreuzfahrten im Pazifik.
1990 Nach Umbau 530 Passagiere. 17 389 BRT.

MS *Hai Hua*

Shanghai Hai Xing Shipping Co, Panama

Erbaut als ***Fabiolaville***
NV Compagnie Maritime Belge SA, Antwerpen

Bauwerft: SA Cockerill-Ougrée, Hoboken, Antwerpen; Baunr. 861
13 481 BRT / 15 349 tdw / 161,1 m Länge ü.a. / 23,1 m Breite / Ein 8-Zyl.-Diesel; B & W-Cockerill / 11 200 kW (15 040 PSe) / 1 Schraube / 20 kn / 71 Passagiere / Besatzung: 58

1972 18. Januar: Stapellauf.
15. bis 18. Mai: Probefahrt.
2. Juni: Ablieferung.
Antwerpen–Matadi-Dienst.
1984 13 303 BRT, 72 Passagiere, 18,5 Kn.
1989 An die Shanghai Hai Xing Shipping Co, Panama verkauft.
Umbenannt ***Hai Hua***.

MS *Pride of Sandwich*

P & O European Ferries (Dover) Ltd, Dover

Erbaut als ***Free Enterprise VI***
Townsend Car Ferries Ltd, Dover

Bauwerft: IHC Gusto NV, Schiedam; Baunr. 881
4 981 BRT / 1 181 tdw / 117,5 m Länge ü.a. / 19,1 m Breite / Drei 8-Zyl.-Diesel; Stork-Werkspoor / 9 270 kW (12 600 PSe) / 3 Schrauben / 22 kn / 68 + 1132 an Deck / Besatzung: 85 / 250 PKW

1972 29. Januar: Stapellauf.
Juni: Ablieferung.
Dover–Zeebrügge-Dienst.
1985 Juni: Ankunft in Bremerhaven, wo das Schiff von der Schichau-Unterweser AG verlängert, verbreitert und um ein Deck erhöht wird. Daten nach dem Umbau: 12 503 BRZ, 5 941 tdw, 139,4 m Länge ü.a., 22,0 m Breite, 20,8 kn, 60 LKW, 250 PKW.
22. Oktober: Rücklieferung.
1987 22. Oktober: Die im Januar von der P & O-Gruppe übernommene Reederei firmiert jetzt als P & O European Ferries Ltd.
1987 Umbenannt ***Pride of Sandwich***.

Hai Hua ex *Fabiolaville*. (Foto: Gerhard Fiebiger)

Pride of Sandwich im Mai 1989. (Foto: Frank Heine)

Shin Sakura Maru nach dem Umbau 1981. (Foto: Yoshitatsu Fukawa)

Die *Princess of Acadia*. (Foto: Steffen Weirauch)

MS *Pride of Walmer*

P & O European Ferries (Dover) Ltd, Dover

Erbaut als ***Free Enterprise VII***
Townsend Car Ferries Ltd, Dover

Bauwerft: IHC Gusto NV, Schiedam; Baunr. CO 882
4981 BRT / 1148 tdw / 117,5 m Länge ü.a. / 19,1 m Breite / Drei 8-Zyl.-Diesel mit Getriebe; Stork-Werkspoor / 9270 kW (12600 PSe) / 3 Schrauben / 22 kn / 68 Passagiere + 1132 an Deck / Besatzung: 85 / 250 PKW

1972 22. Oktober: Stapellauf.
1973 Februar: Ablieferung. Dover–Zeebrügge-Fährdienst.
1985 Juni: Ankunft in Bremerhaven, wo das Schiff von der Schichau-Unterweser AG verlängert, verbreitert und um ein Deck erhöht wird. Daten nach dem Umbau: 12503 BRZ, 139,4 m Länge ü.a., 22,0 m Breite, 21 kn, 60 LKW, 250 PKW.
1986 1. Februar: Rücklieferung an Townsend.
1987 22. Oktober: Die im Januar d.J. von der P & O- Gruppe übernommene Reederei firmiert jetzt als P & O European Ferries Ltd.
1988 8. Februar: Erste Reise Dover–Zeebrügge als ***Pride of Walmer***.

Corsica Regina

siehe Farbteil Seite 106

MS *Starship Majestic*

Premier Cruises, Nassau
ex ***Majestic*** – 1989; ex ***Sun Princess*** – 1989

Erbaut als ***Spirit of London***
P & O Lines Ltd, London

Bauwerft: Cant Nav dell Tirreno e Riuniti, Riva Trigoso; Baunr. 290
17370 BRT / 2352 tdw / 163,3 m Länge ü.a. / 22,8 m Breite / Vier 10-Zyl.-Diesel mit Getriebe; Fiat / 13450 kW (18000 PSe) / 2 Schrauben / 20,5 kn / 700 Passagiere

1972 29. April: Stapellauf als ***Spirit of London***.
Das Schiff war ursprünglich von der norwegischen Klosters Rederi bestellt worden, von der P & O 1971 den Baukontrakt übernahm.
August: Fertigstellung.
September: Ablieferung.
11. November: Jungfernreise Southampton–San Juan. Kreuzfahrten an der US-Westküste.
1974 Oktober: In ***Sun Princess*** umbenannt.
1988 September: An die Premier Cruise Line Ltd, Miami, in Nassau registriert. Umbenannt ***Majestic***.
1989 3. Mai: Rücklieferung nach Generalüberholung und Umbau durch die Bremerhavener Lloyd Werft als ***Starship Majestic***. Registriert für Noel Shipping Ltd., Nassau. 17503 BRT, 750 Passagiere. Bahama-Kreuzfahrten ab Port Canaveral.

MS *Vistafjord*

Cunard Line Ltd, Nassau

Erbaut für Den Norske Amerikalinje A/S, Oslo

Bauwerft: Swan, Hunter Shipbuilders, Wallsend; Baunr. 39
24292 BRT / 5954 tdw / 191,1 m Länge ü.a. / 25,0 m Breite / Zwei 9-Zyl.-Diesel; Sulzer-Clark / 17900 kW (24000 PSe) / 2 Schrauben / 20 kn / 670 Passagiere / Besatzung: 390

1972 15. Mai: Stapellauf.
1973 6. April: Probefahrt.
15. Mai: Ablieferung.
22. Mai: Jungfernreise Oslo–New York. In der weltweiten Kreuzfahrt eingesetzt.
1980 Mai: Unter zehnprozentiger Beteiligung von Leif Hoegh & Co bildet sich die K/S Norwegian American Cruises A/S, Oslo, die die ***Vistafjord*** übernimmt.
Leif Hoegh & Co erwirbt zum Jahresende das gesamte Kapital der neuen Gesellschaft.
1983 Mai: Zusammen mit dem Schwesterschiff ***Sagafjord*** an die Cunard Line verkauft. Cunard erwirbt auch den Firmenmantel NAC und das Recht, den Schiffsnamen beizubehalten. Übergabe Oktober 1983. In Nassau unter der Bahama-Flagge registriert. 24292 BRT.
1984 24116 BRZ.

Pride of Walmer
1990 in Zeebrügge.
(Foto: Arnold Kludas)

Starship Majestic 1989 auf der Unterweser. (Foto: Peter Voß)

Vistafjord 1986 vor Rhodos. (Foto: Peter Voß)

MS *Ilyich*

Baltic Shipping Co, Leningrad
ex ***Stena Baltica*** – 1983; ex ***Skandia*** – 1983

Erbaut als ***Bore I***
Bore Lines AB, Turku

Bauwerft: Wärtsilä, Turku; Baunr. 1199
8528 BRT / 2460 tdw / 128,0 m Länge ü.a. / 22,0 m Breite / Vier 9-Zyl.-Diesel mit Getriebe; Sulzer-Wärtsilä / 13240 kW (18000 PSe) / 2 Schrauben / 22 kn / 377 Passagiere + 823 an Deck / 344 PKW

1972 11. Juni: Stapellauf.
1973 März: Ablieferung.
Turku–Stockholm-Dienst.
1980 An Finska Ångfartygs AB, Helsinki, verkauft, umbenannt ***Skandia***.
1983 An die Stena Line AB, Göteborg, verkauft, umbenannt ***Stena Baltica***.
An die Baltic Shipping Co, Leningrad, weiterveräußert und in ***Ilyich*** umbenannt.
Umbau- und Modernisierungsarbeiten bei der Cityvarvet in Göteborg. U.a. wird der vordere Schornstein entfernt. 12281 BRT.
1984 Leningrad–Helsinki–Stockholm-Dienst.

MS *Kananga*

Compagnie Maritime Zairoise, Matadi

Bauwerft: NV Cockerill, Hoboken; Baunr. 862
13481 BRT / 15489 tdw / 161,2 m Länge ü.a. / 23,1 m Breite / Ein 8-Zyl.-Diesel; B & W-Cockerill / 11200 kW (15040 PSe) / 1 Schraube / 19 kn / 71 Passagiere / Besatzung: 58

1972 24. August: Stapellauf.
1973 29. Januar bis 1. Februar Probefahrt.
9. Februar: Ablieferung.
15. Februar: Jungfernreise Antwerpen–Matadi.

Lissos

siehe Farbteil Seite 107

MS *Odessa*

Black Sea Shipping Co, Odessa

Erbaut als ***Copenhagen***
A/S Nordline, Kopenhagen

Bauwerft: Vickers Ltd, Barrow; Baunr. 1085
13758 BRT / 2137 tdw / 136,3 m Länge ü.a. / 21,5 m Breite / Zwei 16-Zyl.-Diesel mit Getriebe; Pielstick-Crossley / 11950 kW (16000 PSe) / 2 Schrauben / 19 kn / 590 Passagiere

1970 Kiellegung des von der A/S Nordline in Kopenhagen bestellten Neubaus.
1970 November: Der unfertige Neubau wird auf dem Helgen liegend zum Verkauf ausgeschrieben, da es zwischen Reederei und Werft Differenzen wegen der Übernahme erheblicher Mehrkosten gibt.
1971 September: A/S Nordline und Vickers einigen sich über den Weiterbau des Schiffes. Geplanter Name ***Prins Henrik af Danmark***.
1972 20. Dezember: Stapellauf ohne Namensgebung.
1973 27. März: Überführung des Neubaus im Schlepp von Barrow nach Newcastle, wo Swan Hunter die Fertigstellung übernimmt.
1974 März: Erste Probefahrt.
April: Die in finanzielle Schwierigkeiten geratene Nordline stellt die ***Copenhagen*** zum Verkauf.
1975 Mai: An die Black Sea SS Co, Odessa, verkauft. Umbenannt ***Odessa***.
18. Juli: Überführungsfahrt Liverpool–Leningrad. Kreuzfahrten.
1984 550 Passagiere.

Die *Kananga* aus *Matadi*. (Foto: Sammlung Weirauch)

1972 lief die *Ilyich* als *Bore I* vom Stapel. (Foto: L. W. C. Lamers)

Die *Odessa* steuert die Columbuskaje in Bremerhaven an. (Foto: Peter Voß)

MS *Corsica Victoria*

Corsica Ferries, Panama

Erbaut als ***Gotland***
Rederiaktiebolaget Gotland, Visby

Bauwerft: Brodogradiliate »Jozo Lozovina«-Mosor, Trogir; Baunr. 164
6643 BRT / 1472 tdw / 123,9 m Länge ü.a. / 20,5 m Breite / Sechs 16-Zyl.-Diesel mit Getriebe; Polar-N&H / 10590 kW (14400 PSe) / 2 Schrauben / 19,5 kn / 379 Passagiere + 1368 an Deck / 300 PKW

1973 12. Februar: Stapellauf.
November: Ablieferung.
Einsatz im Fährdienst Nynäshamn–Visby.
1989 Januar: An Tourship Co SA, Panama, verkauft und in ***Corsica Victoria*** umbenannt. Bei Industrie Navali Meccaniche Affini SpA in La Specia umgebaut und verängert. Jetzt über 10000 BRZ, 146,6 m Länge ü.a., 844 Passagiere + 1016 an Deck, 460 PKW. Nach beendetem Umbau in den Fährdienst Bastia–Genua eingestellt, von Corsica Ferries bereedert.

Die *Corsica Victoria*. (Foto: Dr. Christian Ostersehlte)

MS *Filipina Princess*

Daiichi Shipping Co, Cebu City

Erbaut als ***Ferry Akashia***
Shin Nipponkai Ferry KK, Otaru

Bauwerft: Kanda Zosensho KK, Kure; Baunr. 178
11210 BRT / 4173 tdw / 180,5 m Länge ü.a. / 26,4 m Breite / Zwei 16-Zyl.-Diesel; MAN-Kawasaki / 23900 kW (32000 PSe) / 2 Schrauben / 20 kn / 1387 Passagiere / 150 PKW, 119 LKW

1973 1. März: Stapellauf.
14. Juli: Ablieferung.
21. Juli: Jungfernreise im Fährdienst Tsuruga–Otaru.
1988 An Daiichi Shipping Co, Cebu City, verkauft, umbenannt ***Filipina Princess***.
11295 BRT.
1990 An Sulpicio Lines Inc, Sebu City.

MS *Toletela*

General National Maritime Transport Co, Bengasi

Erbaut als ***Monte Toledo***
Naviera Aznar, Bilbao

Bauwerft: Union Naval de Levante, Valencia; Baunr. 129
10851 BRT / 151,5 m Länge ü.a. / 20,7 m Breite / Zwei 16-Zyl.-Diesel mit Getriebe; MAN-Bazan / 13100 kW (17800 PSe) / 2 Schrauben / 21, max. über 23 kn / 798 Passagiere, bei Kreuzfahrten 388 / Besatzung: 130 / 300 PKW

1973 10. März: Stapellauf.
1974 14. Februar: Probefahrt.
Santander–Southampton-Dienst.
Im Winter Kreuzfahrten.
März: Jungfernreise Valencia–London.
1977 An das libysche Transport-Ministerium verkauft und in ***Toletela*** umbenannt. Mit 6634 BRT vermessen. Für die General National Maritime Transport Co in Bengasi registriert.
1990 762 Passagiere + 241 an Deck.

MS *Garnata*

General National Maritime Transport Co, Tripolis

Erbaut als ***Monte Granada***
Naviera Aznar, Bilbao

Bauwerft: Union Naval de Levante, Valencia; Baunr. 130
10 829 BRT / 3671 tdw / 151,5 m Länge ü.a. / 20,7 m Breite / Zwei 16-Zyl.-Diesel mit Getriebe; MAN-Bazan / 13100 kW (17800 PSe) / 2 Schrauben / 21 kn / 798 Passagiere, bei Kreuzfahrten 388 / Besatzung: 130 / 300 PKW

1974 9. Februar: Stapellauf.
1975 7. Oktober: Jungfernreise Liverpool–Kanarische Inseln.
Im Sommer Amsterdam–Southampton–Santander-Dienst.
1977 An das libysche Transport-Ministerium verkauft. Umbenannt ***Garnata***. Mit 6626 BRT vermessen. 1178 Passagiere + 241 an Deck. Für die General National Maritime Transport Co registriert.

Eigenwillige Formen kennzeichnen die *Ferry Akashia*.

MS ***Nord Estonia***

Nordström & Thulin, Stockholm

Erbaut als ***Dana Regina***
DFDS A/S, Esbjerg

Bauwerft: Aalborg Vaerft A/S; Baunr. 200
11 996 BRT / 2 836 tdw / 153,7 m Länge ü.a. / 22,4 m Breite / Vier 8-Zyl.-Diesel mit Getriebe; B&W-Helsingör / 13 130 kW (17 600 PSe) / 2 Schrauben / 21,5 kn / 1 006 Passagiere / Besatzung: 185 / 250 PKW, 100 LKW

1973 31. August: Stapellauf ohne Namensgebung.
1974 1. Juli: Taufe und Ablieferung. Kreuzfahrt nach London.
9. Juli: Jungfernreise im Dienst Esbjerg–Harwich.
1983 Oktober: Kopenhagen–Oslo-Dienst.
1987 Auf DFDS A/S, Nassau, übertragen. 11 966 BRT.
1989 1. Januar: An die Marine Investment Ltd verkauft und bis zum Frühjahr 1989 zurückgechartert.
1989 Juni: An Nordström & Thulin, Stockholm, verkauft.
1990 1. Juni: Übergabe. Umbenannt ***Nord Estonia***. Liniendienst Stockholm–Tallinn.

Bild oben:
Die libysche *Toletela*.
(Foto: Florent Van Otterdijk)

Bild Mitte:
Nord Estonia ex *Dana Regina*
(Foto: Carsten Ortloff)

Bild unten:
Garnata ex *Monte Granada*.
(Foto: Gerhard Fiebiger)

MS *Venus*

Color Line A/S, Bergen
ex ***Tarek L.*** – 1989; ex ***Scandinavica*** – 1989; ex ***Stena Scandinavica*** – 1988

Erbaut als ***Prinsessan Birgitta***
Rederi AB Ragne, Västervik

Bauwerft: Oy Wärtsilä AB, Turku ; Baunr. 1214
8 753 BRT / 1 600 tdw / 152,4 m Länge ü.a. / 20,0 m Breite / Zwei 18 Zyl.-Diesel; Pielstick-Wärtsilä / 16 114 kW (21 600 PSe) / 2 Schrauben / 24 kn / 948 Passagiere + 252 an Deck / Besatzung: 120 / 321 PKW

1973 28. September: Stapellauf.
1974 11. Mai: Ablieferung.
Göteborg–Travemünde-Fährdienst.
1977 Für R/A Göteborg-Frederikshavn Linjen (Ragne-Rederierna), Västervik, registriert.
1979 Heimathafen Göteborg.
1982 Juni: Umbenannt ***Stena Scandinavica***, Göteborg–Kiel-Dienst.
1984 Für Sessanlinjen AB, Göteborg, registriert.
Dezember: Wegen verspäteter Ablieferung eines für den Göteborg–Kiel-Dienst bestimmten Neubaus wird die ***Stena Scandinavica*** modernisiert. 889 Passagiere + 341 an Deck.
1987 April: An die tunesische Reederei CONTUNAV verchartert. Einsatz als ***Tarek L.*** im Fährdienst Tunis–Genua.
1987 Umbenannt ***Scandinavica***, für R/A Göteborg-Frederikshavn Linjen, Göteborg, registriert. 9 017 BRT.
1988 An Stena AB, Göteborg.
1989 November: An AS Norway Line, Bergen, verkauft.
Umbau bei Kristiansands Mek. Verksteder. 13 289 BRT.
1990 März: Einsatz im Fährdienst Bergen–Stavanger–Newcastle, auch nach Amsterdam und Esbjerg.
Oktober: Unter dem neuen Namen Color Line A/S schließen sich die zum Kosmos Konzern gehörenden Reedereien Jahre Line und Norway Line zusammen.
1991 Fährdienst Oslo–Hirtshals–Kristiansand. 906 Passagiere + 150 an Deck.

MS *Norland*

North Sea Ferries Noordzee Veerdiensten BV, Hull

Bauwerft: AG Weser, Werk Seebeck, Bremerhaven; Baunr. 972
12 988 BRT / 4 036 tdw / 153,0 m Länge ü.a. / 24,7 m Breite / Zwei 16-Zyl.-Diesel mit Getriebe; Stork-Werkspoor / 13 430 kW (18 000 PSe) / 2 Schrauben / 19 kn / 1 072 Passagiere / Besatzung: 98 / 520 PKW

1973 13. Oktober: Stapellauf.
1974 7. Juli: Ablieferung.
Fährdienst zwischen Rotterdam und Hull.
1982 17. April: Von der britischen Regierung als Transporter für den Falkland-Konflikt requiriert.
1983 Januar: Aus dem Regierungsdienst entlassen.
1. April: Nach Überholung wieder im Hull–Rotterdam-Dienst.
1987 9. Mai: Ankunft in Bremerhaven, wo das Schiff bei der Seebeckwerft durch den Einbau einer 20,25 m langen Sektion verlängert wird. 26 290 BRZ, 5 560 tdw, 173,3 m Länge ü.a., 736 Passagiere + 290 an Deck, Besatzung: 104, 519 PKW. Neuer blau-weißer Anstrich.
27. Juni: Rücklieferung. Fährdienst Zeebrügge–Hull.

MS *Norstar*

North Sea Ferries Noordzee Veerdiensten BV, Rotterdam

Bauwerft: AG Weser, Werk Seebeck, Bremerhaven; Baunr. 973
12 502 BRT / 4 578 tdw / 153,0 m Länge ü.a. / 24,7 m Breite / Zwei 16-Zyl.-Diesel mit Getriebe; Stork-Werkspoor / 13 430 kW (18 000 PSe) / 2 Schrauben / 18,5 kn / 1 070 Passagiere + 173 an Deck / Besatzung: 98 / 520 PKW

1974 5. Juli: Stapellauf.
14. Dezember: Ablieferung.
Fährdienst zwischen Rotterdam und Hull.
1987 13. Mai: Ankunft in Bremerhaven, wo das Schiff bei der Seebeckwerft durch den Einbau einer 20,25 m langen vorgefertigten Sektion verlängert wird. Außerdem erhält die ***Norstar*** den blau-weißen Anstrich.
26 919 BRZ, 5 560 tdw, 173,3 m Länge ü.a., 1 070 Passagiere +173 an Deck.
Besatzung: 97, 519 PKW.
2. Juli: Rücklieferung. Fährdienst Zeebrügge–Hull.

Venus mit dem blauen Rumpfanstrich der Color Line. (Foto: L. W. C. Lamers)

Die *Norland*. (Foto: Frank Heine)

Die verlängerte *Norstar*. (Foto: Frank Heine)

MS *Fedra*

Minoan Lines Shipping SA, Heraklion
ex ***Robin Hood*** – 1987

Erbaut als ***Peter Pan***
Travemünde-Trelleborg-Linie GmbH, Lübeck

Bauwerft: Werft Nobiskrug, Rendsburg; Baunr. 681
12527 BRT / 2700 tdw / 148,9 m Länge ü.a. / 23,5 m Breite / Zwei 16-Zyl.-Diesel mit Getriebe; Pielstick-Blohm+Voss / 15500 kW (20800 PSe) / 2 Schrauben / 22 kn / 712 Passagiere + 888 an Deck / Besatzung: 125 / 470 PKW

1974 2. Februar: Stapellauf.
22. Mai: Ablieferung. Jungfernkreuzfahrt Travemünde–Göteborg–Oslo.
25. Mai: Jungfernreise Travemünde–Trelleborg. In den ersten Jahren im Winter für Kreuzfahrten eingesetzt.
1981 Januar: Gemeinsamer Einsatz mit Saga-Linjen unter der Bezeichnung TT-Saga-Line.
1984 Neuvermessung mit 12519 BRT.

1985 Für die Partenreederei MS Peter Pan eingetragen. Wieder 12527 BRT.

1986 Januar: In ***Robin Hood*** umbenannt, um den Namen ***Peter Pan*** für den Neubau von der Seebeckwerft freizumachen.
November: Mit Lieferung März 1987 an die Minoan Lines in Heraklion für den Dienst Ancona–Patras verkauft.

1987 22. März: Übergabe des in ***Fedra*** umbenannten Schiffes.

1991 An Sea Containers Ltd, London, verkauft für Fährdienst zwischen Florida und Mexiko.

Fedra ex *Robin Hood* im Juli 1990. (Foto: Frank Heine)

MS ***Abel Tasman***

Government of State of Tasmania (Transport Commission), Devonport

Erbaut als ***Nils Holgersson***
Travemünde–Trelleborg-Linie GmbH, Lübeck

Bauwerft: Werft Nobiskrug, Rendsburg; Baunr. 682
12515 BRT / 2700 tdw / 148,9 m Länge ü.a. / 23,5 m Breite / Zwei 16-Zyl.-Diesel mit Getriebe; Pielstick-Blohm+Voss / 15500 kW (20800 PSe) / 2 Schrauben / 22 kn / 712 Passagiere + 888 an Deck / Besatzung: 125 / 470 PKW

1974 26. Oktober: Stapellauf.
1975 8. April: Ablieferung.
Nach einer Jungfernkreuzfahrt Travemünde–Göteborg–Oslo in den Fährdienst Travemünde–Trelleborg eingestellt. Im Winter in den ersten Jahren für Kreuzfahrten eingesetzt.
1981 Januar: Gemeinsamer Einsatz mit Saga-Linjen unter der Bezeichnung TT-Saga-Line.
1984 20. September: An die Australian National Line, die das Schiff für ihre Tochtergesellschaft Government of State of Tasmania (Transport Commission) in Devonport eintragen läßt. Zum Umbau an die Nobiskrugwerft nach Rendsburg.
1985 In ***Abel Tasman*** umbenannt.
22. April: Ablieferung.
23. April: Auf der Überführungsfahrt nach Australien zwingen streikende Stewards zur Unterbrechung der Reise in Brunsbüttel.
26. April: Die ***Abel Tasman*** wird nach Kiel beordert und dort aufgelegt.
18. Mai: Antritt der Überführungsfahrt nach Australien. Dort als Ersatz für die ***Empress of Australia*** im Küstendienst eingesetzt.
1989 19212 BRZ. 1800 Passagiere + 710 an Deck.

Das Typschiff der aus fünf Einheiten bestehenden *Belorussiya*-Klasse. (Foto: Peter Voß)

MS ***Belorussiya***

Black Sea Shipping Co, Odessa

Bauwerft: OY Wärtsilä, Turku; Baunr. 1212
16631 BRT / 2251 tdw / 156,2 m Länge ü.a. / 21,8 m Breite / Zwei 18-Zyl.-Diesel mit Getriebe; Pielstick-Wärtsilä / 13430 kW (18000 PSe) / 2 Schrauben / 21,3 kn / 504 Passagiere + 505 an Deck, bei Kreuzfahrten 350 / Besatzung: 191 / 256 PKW, 23 LKW

1974 6. März: Stapellauf.
1975 15. Januar: Ablieferung.
Kreuzfahrten in europäischen Gewässern.
1980 Mit 13251 BRT vermessen.
1986 Februar bis Mai: Umbau zum Kreuzfahrtschiff bei der Lloyd-Werft in Bremerhaven.

MS ***Gruziya***

Black Sea Shipping Co, Odessa

Bauwerft: OY Wärtsilä, Turku; Baunr. 1213
16331 BRT / 3004 tdw / 156,3 m Länge ü.a. / 21,8 m Breite / Zwei 18-Zyl.-Diesel mit Getriebe; Pielstick-Wärtsilä / 13430 kW (18000 PSe) / 2 Schrauben / 21 kn / 504 Passagiere + 505 an Deck, bei Kreuzfahrten 350 / Besatzung: 191 / 256 PKW, 23 LKW

1974 18. Oktober: Stapellauf.
1975 30. Juni: Ablieferung. 16331 BRT.
Überwiegend für Kreuzfahrten in europäischen Gewässern eingesetzt.
1980 Mit 13251 BRT vermessen.
1984 13252 BRT. Passagiere: 650 + 110 an Deck.
1988 17. Januar: Ankunft bei der Lloydwerft in Bremerhaven, wo das Schiff umgebaut wird.
April: Rücklieferung an die Reederei.

RoRo-Passagierschiff *Gruziya*. (Foto: Wärtsilä)

Abel Tasman vor der Überführungsfahrt nach Australien. (Foto: Gerhard Fiebiger)

Die *Azerbaydzhan* im August 1990 auf der Weser. (Foto: Peter Voß)

MS *Azerbaydzhan*

Black Sea Shipping Co, Odessa

Bauwerft: OY Wärtsilä, Turku; Baunr. 1221
16631 BRT / 2251 tdw / 156,2 m Länge ü.a. / 21,8 m Breite / Zwei 18-Zyl.-Diesel mit Getriebe; Pielstick-Wärtsilä / 13430 kW (18000 PSe) / 2 Schrauben / 21,5 kn / 505 Passagiere + 505 an Deck, bei Kreuzfahrten 350 / Besatzung: 191 / 256 PKW, 23 LKW

1975 14. April: Stapellauf.
18. Dezember: Ablieferung.
Überwiegend für Kreuzfahrten eingesetzt.
1978 Mit 13251 BRT vermessen.
1984 13252 BRT. 650 Passagiere + 110 an Deck.
1986 Januar bis Mai: Umbau zum Kreuzfahrtschiff bei der Lloydwerft in Bremerhaven.

MS *Kazakhstan*

Black Sea Shipping Co, Odessa

Bauwerft: OY Wärtsilä, Turku; Baunr. 1222
16631 BRT / 2402 tdw / 156,3 m Länge ü.a. / 21,8 m Breite / Zwei 18-Zyl.-Diesel mit Getriebe; Pielstick-Wärtsilä / 13430 kW (18000 PSe) / 2 Schrauben / 20 kn / 504 Passagiere + 505 an Deck, bei Kreuzfahrten 350 / Besatzung: 190 / 256 PKW, 23 LKW

1975 17. Oktober: Stapellauf.
1976 Juni: Ablieferung.
Überwiegend für Kreuzfahrten eingesetzt.
1980 Mit 13251 BRT vermessen.
1984 8. Februar: Ankunft bei der Lloydwerft in Bremerhaven, wo die Passagiereinrichtungen modernisiert werden. Einbau von 79 neuen Kabinen. 13252 BRT, 650 Passagiere + 110 an Deck, Besatzung 250.
9. Mai: Wieder in Dienst.

MS *Kareliya*

Black Sea Shipping Co, Odessa
ex ***Leonid Brezhnev*** – 1989

Erbaut als ***Kareliya***

Bauwerft: OY Wärtsilä, Turku; Baunr. 1223
16631 BRT / 2402 tdw / 156,3 m Länge ü.a. / 21,8 m Breite / Zwei 18-Zyl.-Diesel mit Getriebe; Pielstick-Wärtsilä / 13430 kW (18000 PSe) / 2 Schrauben / 21 kn / 504 Passagiere + 505 an Deck, bei Kreuzfahrten 350 / Besatzung: 191 / 256 PKW

1976 14. April: Stapellauf.
Dezember: Ablieferung.
Überwiegend für Kreuzfahrten eingesetzt.
1980 mit 13251 BRT vermessen.
1981 1. Juni: Auf einer Kreuzfahrt von London läuft die ***Kareliya*** vor Arrecife auf Grund und wird so schwer beschädigt, daß die Fahrgäste heimgeflogen werden müssen.
30. Juli: Ankunft am Tyne, wo das Schiff repariert und im Passagierbereich gründlich umgebaut wird. Jetzt 650 Passagiere in Kabinen + 50 an Deck.
1982 Dezember: In ***Leonid Brezhnev*** umbenannt.
1984 13252 BRT.
1989 Umbenannt ***Kareliya***.

MS *Sun Flower Sapporo*

Blue Highway Line, Tokio

Erbaut als ***Sapporo Maru***
Nippon Enkai Ferry KK, Tokio

Bauwerft: Hayashikane Zosen, Shimonoseki; Baunr. 1177
11097 BRT / 4213 tdw / 164,0 m Länge ü.a. / 24,0 m Breite / Zwei 14-Zyl.-Diesel mit Getriebe; MAN-Mitsubishi / 20900 kW (28000 PSe) / 2 Schrauben / 22,3 kn / 404 Passagiere + 400 an Deck / 55 PKW, 1270 m LKW-Meter

1974 9. April: Stapellauf.
Juli: Fertigstellung.
2. August: Jungfernreise Tokio–Tomakomei.
1990 1. November: Die Reederei firmiert jetzt als Blue Highway Line.
1991 In ***Sun Flower Sapporo*** umbenannt.

Fährschiff *Sapporo Maru* wurde inzwischen in *Sun Flower Sapporo* umbenannt. (Foto: Yoshitatsu Fukawa)

MS *Sun Flower Satsuma*

Blue Highway Line, Tokio

Erbaut als ***Sun Flower 11***
Nippon Kosoku Ferry KK, Tokio

Bauwerft: Kurushima Dock Co Ltd, Onishi; Baunr. 775
13598 BRT / 3110 tdw / 195,8 m Länge ü.a. / 24,0 m Breite / Zwei 18-Zyl.-Diesel; MAN-Kawasaki / 26900 kW (36000 PSe) / 2 Schrauben / 25 kn / 1218 Passagiere / Besatzung: 87 / 192 PKW, 85 LKW

1974 23. April: Stapellauf.
9. September: Ablieferung.
Osaka–Kagoshima-Fährdienst.
1982 Nach Umbau mit 13575 BRT vermessen.
1987 An Kurushima Kosan Co Ltd, Tokio. 13614 BRT.
1991 ***Sun Flower Satsuma***, Blue Highway Line.

MS *Kazakhstan*. (Foto: Peter Voß)

Leonid Brezhnev wurde im Zuge der Perestroika wieder in *Kareliya* umbenannt. (Foto: Sammlung Steffen Weirauch)

Die *Sun Flower 11* fährt bei der Blue Highway Line als *Sun Flower Satsuma*. (Foto: Nippon Kosoku Ferry)

MS *Pride of Hampshire*

P & O European Ferries (Portsmouth) Ltd, Portsmouth

Erbaut als ***Viking Venturer***
Townsend Car Ferries Ltd, Southampton

Bauwerft: Aalborg Vaerft A/S; Baunr. 203
6 355 BRT / 1 616 tdw / 128,7 m Länge ü.a. / 19,8 m Breite / Drei Diesel mit Getriebe, Ein 9- und zwei 8-Zyl.; Stork-Werkspoor / 10 000 kW (13 450 PSe) / 3 Schrauben / 20,8 kn / 282 Passagiere + 282 an Deck / Besatzung: 127 / 275 PKW

1974 1. Juni: Stapellauf.
1975 Januar: Fertigstellung.
22. Januar: Southampton–Le Havre–Cherbourg-Dienst.
1978 März: Portsmouth–Cherbourg–Le Havre-Dienst.
1985 8. Dezember: Ankunft in Bremerhaven, wo das Schiff von der Schichau-Unterweser AG verlängert und mit einem zusätzlichen Autodeck versehen wird. Daten nach dem Umbau: 14 760 BRT, 2 467 tdw, 143,7 m Länge ü.a., 22,0 m Breite, 282 Passagiere + 1 031 an Deck, 20 Kn, 370 PKW.
1986 7. Mai: Rücklieferung an Townsend Car Ferries.
1987 22. Oktober: Die im Januar d.J. von der P & O-Gruppe übernommene Reederei firmiert jetzt als P & O European Ferries Ltd.
1989 Juli: Umbenannt in ***Pride of Hampshire***.
1990 Für P & O European Ferries (Portsmouth) Ltd, Portsmouth, registriert. 282 Passagiere + 918 an Deck.

MS *Pride of Le Havre*

P & O European Ferries (Portsmouth) Ltd, Portsmouth

Erbaut als ***Viking Valiant***
Thoresen Car Ferries Ltd, Southampton

Bauwerft: Aalborg Vaerft A/S; Baunr. 204
6 386 BRT / 1 544 tdw / 128,8 m Länge ü.a. / 19,8 m Breite / Drei Diesel mit Getriebe, Ein 9 und zwei 8-Zyl.; Stork-Werkspoor / 10 000 kW (13 450 PSe) / 3 Schrauben / 20,8 kn / 282 Passagiere + 1 045 an Deck / Besatzung: 127 / 275 PKW

1974 4. Oktober: Stapellauf.
1975 Mai: Fertigstellung.
21. Mai: Erste Reise im Fährdienst Felixstowe–Zeebrügge.
1978 März: Portsmouth–Cherbourg–Le Havre-Dienst.
1978 September: Drei Fahrten zwischen Leith und Kristiansand.
1986 Februar: Ankunft in Bremerhaven, wo das Schiff von der Schichau-Unterweser AG verlängert und mit einem zusätzlichen Autodeck versehen wird. Daten nach dem Umbau: 14 760 BRZ, 2 467 tdw, 143,7 m Länge ü.a., 23,0 m Breite, 282 Passagiere + 1 031 an Deck, 20 Kn, 370 PKW.
26. Juni: Rücklieferung an Thoresen Car Ferries.
1987 22. Oktober: Die im Januar d.J. von der P & O-Gruppe übernommene Reederei firmiert jetzt als P & O European Ferries Ltd.
1989 Juli: Umbenannt in ***Pride of Le Havre***.
1990 Heimathafen Portsmouth.

MS *Pegasus*

Epirotiki Lines SA, Piräus
ex ***Sundancer*** – 1984

Erbaut als ***Svea Corona***
Stockholms Rederi A/B Svea, Stockholm

Bauwerft: Dubigeon-Normandie SA, Nantes; Baunr. 141
12 576 BRT / 1 746 tdw / 153,1 m Länge ü.a. / 22,0 m Breite / Vier 12-Zyl.-Diesel mit Getriebe; Pielstick-Atlantique / 17 900 kW (24 000 PSe) / 2 Schrauben / 22 kn / 799 Passagiere + 401 an Deck / Besatzung: 150 / 290 PKW

1974 19.Juli: Stapellauf.
1975 Ablieferung an Stockholms Rederi A/B Svea, Stockholm.
Helsinki–Stockholm-Dienst.
1981 Die ***Svea Corona*** wird von der Johnson Line A/B, Stockholm, übernommen.
1984 In Zusammenarbeit mit dem amerikanischen Unternehmen Sundance Cruises und der finnischen EFFOA eröffnet die Johnson Line in der Sommersaison einen Dienst von Seattle nach Alaska.
Die ***Svea Corona*** wird dafür in ***Sundancer*** umbenannt und bei der Oskarshamn-Werft für 700 Passagiere und 150 PKW umgerüstet.
30. Juni: In den navigatorisch schwierigen Gewässern zwischen Vancouver Island und dem Festland läuft die Sundancer auf einen Felsen und wird schwer beschädigt. Nach Bergung wird das Schiff in die Burrard-Werft nach Vancouver geschleppt.
7. Juli: Zum Totalverlust erklärt.
November: Die griechische Epirotiki-Gruppe kauft das Schiff.
1. Dezember: Ab Vancouver im Schlepp nach Piräus zur Reparatur. Umbenannt in ***Pegasus*** und für die Cosmos Cruises Maritime Co in Piräus registriert.
1987 Mittelmeer- und Schwarzmeer-Kreuzfahrten.
1990 810 Passagiere.

Pride of Hampshire. (Foto: Klaus Bombel)

MS ***King of Scandinavia***

DFDS A/S, Kopenhagen

ex ***Dana Gloria*** – 1989; ex ***Svea Corona*** – 1985; ex ***Dana Gloria*** – 1984

Erbaut als ***Wellamo***
Finska Ångfartygs A/B, Helsinki

Bauwerft: Dubigeon-Normandie SA, Nantes; Baunr. 142
12 348 BRT / 1 719 tdw / 153,1 m Länge ü.a. / 22,0 m Breite / Vier 12-Zyl.-Diesel mit Getriebe; Pielstick-Atlantique / 17 650 kW (24 000 PSe) / 2 Schrauben / 22 kn / 799 Passagiere + 401 an Deck / Besatzung: 150 / 290 PKW

1974 November: Stapellauf.
1975 Ablieferung.
Helsinki–Stockholm-Dienst.
1979 Mit Lieferung 1981 an die DFDS, Kopenhagen, verkauft.
1981 Mai: Als ***Dana Gloria*** von der DFDS A/S, Kopenhagen, übernommen.
Esbjerg–Newcastle-Dienst.
1983 Oktober: Im Kopenhagen–Oslo-Dienst eingesetzt.
1984 Von der DFDS in ***Svea Corona*** umbenannt.
1985 Name wieder ***Dana Gloria***. In Esbjerg registriert.
1988 11. November: Ankunft bei der Meyer-Werft in Papenburg. Verlängerung um 22,2 m auf 175,3 m Länge ü.a., 2 857 tdw, 275 PKW, 1 175 Passagiere + 125 an Deck.
1989 Februar: Rücklieferung. Umbenannt in ***King of Scandinavia***. 20 581 BRZ.
Kopenhagen–Oslo-Dienst, seit 1990 wird auch Helsingborg angelaufen.

Epirotiki-Cruise-Liner *Pegasus*. (Foto: Steffen Weirauch)

Die *Pride of Le Havre*. (Foto: Steffen Weirauch)

King of Scandinavia ex *Dana Gloria*. (Foto: Antonio Scrimali)

MS *Eurosun*

Eurosun Ltd, Hamilton

ex ***Orient Express*** – 1990; ex ***Eurosun*** – 1990; ex ***Orient Express*** – 1989; ex ***Club Sea*** – 1987; ex ***Orient Express*** – 1986; ex ***Silja Star*** – 1986

Erbaut als ***Bore Star***
Bore Ångfartygs A/B, Åbo

Bauwerft: Dubigeon-Normandie SA, Nantes; Baunr. 143
12343 BRT / 1880 tdw / 153,1 m Länge ü.a. / 22,0 m Breite / Vier 12-Zyl.-Diesel mit Getriebe; Pielstick-Atlantique / 17900 kW (24000 PSe) / 2 Schrauben / 22 kn / 799 Passagiere + 401 an Deck / Besatzung: 150 / 290 PKW

1975 30. Januar: Stapellauf als ***Bore Star*** für die Bore Ångfartygs A/B, Åbo.
Dezember: Ablieferung.
11. Dezember: Jungfernkreuzfahrt von Frankreich nach Westafrika und Cherbourg.
Danach im Dienst Helsinki–Stockholm eingesetzt.
1980 Als ***Silja Star*** an die Finska Ångfartygs A/B, Helsinki.
1986 4. Februar: An die Sealink (UK) Ltd, London, verkauft und in ***Orient Express*** umbenannt. Für die Baldur Ltd in Hamilton, Bermuda, registriert.
Zu Umbauarbeiten an die Lloyd Werft nach Bremerhaven überführt.
12. April: Beendigung der Umbauarbeiten. Jetzt 800 Passagiere.
Für Fähr- und Kreuzfahrten im Mittelmeer eingesetzt.
1986 Dezember: An die Club Sea Inc, Antigua, verchartert und unter dem Namen ***Club Sea*** für Karibik-Kreuzfahrten eingesetzt.
1987 April: Nach Ende der Charter wieder ***Orient Express***.
Für Sea Containers Ltd, Hamilton, eingetragen.
1988 16. Dezember: Ankunft in Marseille, wo das Schiff auf der Reparaturwerft Compagnie Marseillaise umgebaut wird.
1989 15. März: Rücklieferung an die Reederei. 650 Passagiere.
Im Herbst 1989 wird das Schiff an Europe Cruise Line verchartert und in ***Eurosun*** umbenannt. Kreuzfahrten nach den Kanarischen Inseln.
1990 Im Frühjahr wieder ***Orient Express***, Fähr- und Kreuzfahrten im Mittelmeer
Dezember: Wie 1989 als ***Eurosun*** für Kreuzfahrten nach den Kanarischen Inseln eingesetzt.
Für Eurosun Ltd, Hamilton, registriert.

MS *Ionian Sea*

Strintzis Lines SA, Piräus

Erbaut als ***Ishikari***
Taiheiyo Ferry KK (Pacific Ferry Co Ltd), Nagoya

Bauwerft: Nakai Zosen KK, Setoda; Baunr. 387
11880 BRT / 3699 tdw / 175,6 m Länge ü.a. / 24,0 m Breite / Zwei 14-Zyl.-Diesel; MAN; Mitsubishi / 20580 kW (27580 PSe) / 2 Schrauben / 21,5 kn / 905 Passagiere / 105 PKW

1974 19.September: Stapellauf.
23. Dezember: Ablieferung.
Nagoya-Ohita (Kyushu)-Dienst.
1975 Im Nagoya–Sendai–Tomakomai-Dienst eingesetzt.
1980 Um 12,8 m auf 188,4 m verlängert, 12853 BRT, 5422 tdw.
1989 12888 BRT.
1990 An Strintzis Lines SA, Piräus, verkauft und in ***Ionian Sea*** umbenannt.

MS *Lato*

Anonymos Naftiliaki Eteria Kritis AE (ANEK), Chania

ex ***Varuna*** – 1987

Erbaut als ***Daisetsu***
Taiheiyo Enkai Ferry KK, Nagoya

Bauwerft: Nakai Zosen KK, Setoda; Baunr. 388
11879 BRT / 4084 tdw / 175,6 m Länge ü.a. / 24,0 m Breite / Zwei 14-Zyl.-Diesel; MAN; Mitsubishi / 20580 kW (27850 PSe) / 2 Schrauben / 21,5 kn / 905 Passagiere / 105 PKW

1975 28. März: Stapellauf.
20. Juni: Ablieferung.
Nagoya–Sendai–Tomokamai-Dienst.
1980 Um 12,8 auf 188,4 m Länge ü.a. verlängert. 12854 BRT, 5432 tdw.
1985 An die Higashi Nippon Ferry Co Ltd in Muroran verkauft und in ***Varuna*** umbenannt. 12789 BRT, 5432 tdw. Der Name ***Varuna*** wird gelegentlich auch als ***Baruna*** transliteriert.
1987 An Anonymos Naftiliaki Eteria Kritis AE (A.N.E.K.) verkauft, umbenannt in ***Lato***.
1990 846 Passagiere + 718 an Deck. Fährdienst Ancona–Patras.

Wechselnd unter zwei Namen im Einsatz *Orient Express* alias *Eurosun*. (Foto: Frank Heine)

Aus Japan ins Mittelmeer gekommen: die *Lato.* (Foto: Frank Heine)

Die *Ionian Sea*, hier noch als *Ishikari* am Terminal von Nagoya. (Foto: Yoshitatsu Fukawa)

MS *Cunard Countess*

Cunard Line Ltd, Nassau

Bauwerft: Burmeister & Wain, Kopenhagen; Baunr. 858
17 495 BRT / 3 230 tdw / 163,6 m Länge ü.a. / 22,8 m Breite / Vier 7-Zyl.-Diesel mit Getriebe; B&W-Hitachi / 15 670 kW (21 000 PSe) / 2 Schrauben / 21,5 kn / 950 Passagiere

1974 20. September: Stapellauf für Cunard Cruise Ships Ltd, Southampton.
1975 21. Mai: Ablieferung.
28. Mai: Ankunft in La Spezia, wo die Firma Industrie Navali Mechaniche Affini die Inneneinrichtung einbaut.
1976 Juli: Fertigstellung.
14. August: Erste Kreuzfahrt ab San Juan.
1982 Oktober: An die britische Regierung verchartert, die das Schiff im Dienst Ascension–Port Stanley, Falkland-Inseln, einsetzt.
1983 Mai: Die Malta Dry Dock Company erhält den Auftrag zum Rückbau der ***Cunard Countess*** vom Truppentransporter zum Kreuzfahrtschiff.
Juli: Wieder auf dem US-Kreuzfahrtenmarkt eingesetzt.
1984 17 593 BRT.
1990 Heimathafen Nassau.

MS *Cunard Princess*

Cunard Line Ltd, Nassau

Vom Stapel als ***Cunard Conquest***

Bauwerft: Burmeister & Wain, Kopenhagen; Baunr. 859
17 496 BRT / 2 499 tdw / 163,6 m Länge ü.a. / 22,8 m Breite / Vier 7-Zyl.-Diesel mit Getriebe; B&W / 15 670 kW (21 000 PSe) / 2 Schrauben / 21,3 kn / 947 Passagiere

1974 Dezember: Stapellauf als ***Cunard Conquest***.
1975 30. Oktober: Ablieferung an die Cunard Line Ltd, Southampton.
6. November: Ankunft in La Spezia, wo die Firma Industrie Navali Mechaniche Affini die Inneneinrichtung einbaut.
1976 in ***Cunard Princess*** umbenannt.
1980 Oktober: Unter der Flagge der Bahamas in Nassau registriert.
1990 14. Dezember: Für zunächst sechs Monate an das US-Verteidigungsministerium verchartert.
24. Dezember: Ankunft in Bahrein, wo das Schiff für am Golfkrieg beteiligte US-Soldaten als Erholungszentrum zur Verfügung steht.

MS *Prince of Scandinavia*

DFDS A/S, Esbjerg
ex ***Tor Britannia*** – 1991;
ex ***Scandinavian Star*** – 1982

Erbaut als ***Tor Britannia***
Tor Line A/B, Göteborg

Bauwerft: Flender Werft AG, Lübeck; Baunr. 607
15 657 BRT / 3 335 tdw / 182,4 m Länge ü.a. / 23,6 m Breite / Vier 12-Zyl.-Diesel mit Getriebe; Pielstick-Lindholmens / 34 000 kW (45 600 PSe) / 2 Schrauben / 26 kn / 756 Passagiere + 512 an Deck, bei Kreuzfahrten 500 / Besatzung: 143 / 420 PKW

1974 10. Oktober: Stapellauf für die Tor Line A/B, Göteborg.
1975 15. Mai: Ablieferung.
Göteborg–Felixstowe-Dienst.
1976 Göteborg–Immingham-Dienst.
1978 An SC Salen PR, Stockholm.
1981 Für Saleninvest A/B, Salenia A/B & Rederi A/B Transatlantic, Göteborg, eingetragen.
November: An die DFDS-Tochter Scandinavian Seaways (Bahamas) Ltd, Nassau, verkauft. Umbenannt in ***Scandinavian Star***. Der vorgesehene Einsatz für Kreuzfahrten konnte jedoch nicht realisiert werden.
1982 Als ***Tor Britannia*** von der DFDS A/S übernommen. 15 794 BRT. Zwischen Göteborg–Antwerpen und Großbritannien eingesetzt.
1984 Mit 14 905 BRT vermessen.
1990 November: Ankunft in Hamburg, wo bei der Werft Blohm + Voss die Passagierkapazität auf 1 524 Kabinenplätze vergrößert wird. 364 PKW.
1991 Januar: In ***Prince of Scandinavia*** umbenannt und an DFDS zurückgeliefert.

Die *Cunard Countess* 1986. (Foto: Sammlung Weirauch)

Tor Britannia heißt seit 1991 *Prince of Scandinavia*. (Foto: Frank Heine)

Cunard Princess trägt ihren Namen jetzt in größeren Lettern. (Foto: Steffen Weirauch)

MS *Princess of Scandinavia*

DFDS A/S, Esbjerg

ex ***Tor Scandinavia*** – 1991; ex ***World Wide Expo*** – 1983; ex ***Tor Scandinavia*** – 1982; ex ***Holland Expo*** – 1979

Erbaut als ***Tor Scandinavia***
Tor Line A/B, Göteborg

Bauwerft: Flender Werft AG, Lübeck; Baunr. 608
15 673 BRT / 3 335 tdw / 182,4 m Länge ü.a. / 23,6 m Breite / Vier 12-Zyl.-Diesel mit Getriebe; Pielstick-Lindholmens / 34 000 kW (45 600 PSe) / 2 Schrauben / 26 kn / 756 Passagiere + 512 an Deck, bei Kreuzfahrten 500 / Besatzung: 143 / 420 PKW

1975 4. November: Stapellauf.
1976 12. April: Ablieferung. Göteborg–Felixstowe-Dienst.
1979 Januar: Bis zum Februar von einer holländischen Firmengruppe als Messeschiff gechartert und unter dem Namen ***Holland Expo*** auf Ausstellungsreise in den Persischen Golf.
Februar: Wieder ***Tor Scandinavia***.
1981 An die Saleninvest A/B, Salenia A/B & Rederi A/B Transatlantic, Göteborg.
1. Dezember: An die DFDS A/S, Esbjerg.
1982 November: Als Messeschiff ***World Wide Expo*** nach Ostasien ausgelaufen für Expo Offshore Asia 83.
1983 Nach Ende der Charter an die DFDS zurück.
17. November: Die DFDS verkauft das Schiff an die Investmentgesellschaft A/S Diffko XXXIII, Esbjerg, und chartert es gleichzeitig für 15 Jahre zurück.
1983 14 983 BRT.
1989 25. September: Ein Feuer an Bord des Schiffes auf der Reise von Göteborg nach Harwich fordert zwei Menschenleben.
7. Dezember: Nach Reparatur in Rendsburg wieder in Fahrt.
1991 16. Januar: Ankunft in Hamburg, wo bei der Werft Blohm + Voss die Passagierkapazität auf 1 524 Kabinenplätze vergrößert wird. 364 PKW.
März: Als ***Princess of Scandinavia*** an DFDS, die das Schiff von Diffko zurückkaufte.

MS *New Utopia*

Japan Cruise Line, Otaru

Erbaut als ***Diamond Okinawa***
Ryukyu Kaiun KK, Naha

Bauwerft: Onomichi Zosen, Onomichi; Baunr. 270
8 609 BRT / 2 891 tdw / 163,0 m Länge ü.a. / 21,0 m Breite / Zwei 18-Zyl.-Diesel mit Getriebe; MAN-Mitsubishi / 26 850 kW (36 000 PSe) / 2 Schrauben / 25,3 kn / 1 033 Passagiere

1975 Fertigstellung.
1982 An die Nishinon Shosen KK verkauft und bei Onomichi Zosen zum Kreuzfahrtschiff umgebaut. Umbenannt in ***New Utopia***, für die Shin Nipponkai Ferry KK in Otaru registriert. 11 106 BRT, 623 Passagiere.
1989 12 080 BRT. 594 Passagiere.
1990 An Japan Cruise Line, Otaru.

MS *Sir Robert Bond*

Marine Atlantic Inc, St.John's

Bauwerft: Port Weller Dry Docks Ltd., St.Catherines; Baunr. 59
10 433 BRT / 3 726 tdw / 135,3 m Länge ü.a. / 21,3 m Breite / Vier 12-Zyl.-Diesel mit Getriebe; Ruston-Paxman / 6 475 kW (8 800 PSe) / 2 Schrauben / 15, max 17 kn / 200 Deckspassagiere / 75 PKW, 26 LKW, 659 m Gleis

1975 Stapellauf für die Canadian National Railway Co, Ottawa.
Nach Fertigstellung im Fährdienst in kanadischen Küstengewässern eingesetzt.
1976 Vom Canadian Department of Transport, Ottawa, übernommen.
1979 Auf die CN Marine Inc, Ottawa, übertragen.
1987 Für Marine Atlantic Inc, St.John's, registriert.
1989 11 197 BRT.

Bild oben:
Princess of Scandinavia als *Tor Scandinavia*. (Foto: F. de Vries)

Bild unten:
Die zum Kreuzfahrer umgebaute Fähre *New Utopia*. (Foto Michio Yamada)

MS *Daphne*

Costa Armatori SpA, Monrovia
ex ***Akrotiri Express*** – 1974;
ex ***Port Sydney*** – 1972

Bauwerft: Swan, Hunter & Wigham Richardson, Newcastle; Baunr. 1827
10 545 BRT / 162,4 m Länge ü.a. / 21,3 m Breite / Zwei 6-Zyl.-Diesel; Doxford-Wallsend / 9 850 kW (13 200 PSe) / 2 Schrauben / 17 kn / 503 Passagiere

1954 29. Oktober: Stapellauf als Frachter ***Port Sydney*** für die Port Line, London.
1955 März: Fertigstellung. 11 683 BRT. 12 Passagiere I. Klasse. London–Australien–Neuseeland-Dienst.
1972 An J.C.Carras verkauft. Als ***Akrotiri Express*** für die Akrotiri Express Shg Co registriert. Umbau zum Cruise Liner auf der Chalkis-Werft in Griechenland. 1974 Umbenannt in ***Daphne***.
Juni: Probefahrt nach Umbau.
26. Juli: Erste Mittelmeer-Kreuzfahrt ab Marseille.
1976 Für Delian Athina Cruises SA, Piräus, registriert.
1979 Für drei Jahre an Costa Armatori verchartert. Charter später auf fünf Jahre verlängert.
1985 An die Costa Armatori SpA in Genua verkauft und für die Independent Continental Lines Ltd, Panama, registriert. 9 436 BRZ.
1990 Heimathafen Monrovia.

Marine Atlantic-Fährschiff *Sir Robert Bond*. (Foto: Marine Atlantic)

Kreuzfahrer *Danae*, ein ehemaliger Frachter. (Foto: Steffen Weirauch)

MS *Danae*

Costa Armatori SpA, Monrovia
ex ***Therisos Express*** – 1974;
ex ***Port Melbourne*** – 1972

Bauwerft: Harland & Wolff, Belfast; Baunr. 1483
10 501 BRT / 3 704 tdw / 162,3 m Länge ü.a. / 21,3 m Breite / Zwei 6-Zyl.-Diesel; H & W / 9 850 kW (13 200 PSe) / 2 Schrauben / 17 kn / 512 Passagiere

1955 10. März: Stapellauf als Frachter ***Port Melbourne*** für die Port Line, London.
Juli: Fertigstellung. 10 205 BRT. 12 Passagiere I. Klasse. London–Australien–Neuseeland-Dienst; zeitweise Südafrika–Neuseeland.
1972 Ankauf durch J.C.Carras. Als ***Therisos Express*** registriert für die Therisos Express Shg Co. Umbau zum Passagierschiff bei der Chalkis-Werft in Griechenland.
1974 Umbenannt in ***Danae***. Für die Delian Artemis Cruises Inc, Piräus registriert und für Kreuzfahrten eingesetzt.
1979 Für fünf Jahre an Costa Armatori verchartert.
1985 An die Costa Armatori SpA in Genua verkauft und für die Independent Continental Lines Ltd, Panama, registriert. 9 603 BRZ. 497 Passagiere.
1990 Heimathafen Monrovia.

Die *Daphne* vor Vancouver. (Foto: Steffen Weirauch)

MS *Hamburg*

DFDS Seaways, Nassau

Erbaut als ***Kronprins Harald***
I/S Jahre Line, Sandefjord

Bauwerft: Werft Nobiskrug, Rendsburg; Baunr. 685
12 752 BRT / 2 999 tdw / 156,4 m Länge ü.a. / 23,5 m Breite / Zwei 20-Zyl.-Diesel mit Getriebe; Stork-Werkspoor / 17 900 kW (24 000 PSe) / 2 Schrauben / 22 kn / 585 I. Klasse, 415 Touristenklasse / Besatzung: 138 / 404 PKW

1975 4. Oktober: Stapellauf.
1976 30. März: Ablieferung.
2. April: Jungfernreise Oslo–Kiel.
1984 13 141 BRT.
1986 September: Mit Lieferung 1987 an die DFDS A/S verkauft, um die ***Prinz Hamlet*** auf der Hamburg–Harwich-Route zu ersetzen.
1987 3. März: Ankunft bei Blohm + Voss in Hamburg zur Umrüstung für den England-Dienst. Umbenannt in ***Hamburg***. 1 033 Passagiere + 40 an Deck, Besatzung: 170.
4. April: Erste Reise im Fährdienst Hamburg–Harwich.
1989 8. November: Auf der Fahrt nach Harwich kollidiert das Schiff in der Nähe von Helgoland mit dem vorfahrtberechtigten Ro-Ro-Frachter ***Nordic Stream***. Drei Passagiere werden dabei getötet. Die ***Hamburg*** läuft ohne fremde Hilfe Bremerhaven an, um Passagiere und Fahrzeuge von Bord zu geben.
16. November: Ankunft zur Reparatur bei Blohm + Voss in Hamburg.
22. Dezember: Rücklieferung.

MS *Sally Sky*

Sally Line Ltd, Nassau
ex ***Viking 2*** – 1988

Erbaut als ***Gedser***
Gedser–Travemünde Ruten A/S, Gedser

Bauwerft: Schichau Unterweser AG, Bremerhaven; Baunr. 2269
4 998 BRT / 3 000 tdw / 123,0 m Länge ü.a. / 19,9 m Breite / Zwei 9-Zyl.-Diesel; Stork-Werkspoor / 8 827 kW (12 000 PSe) / 2 Schrauben / 17,5 kn / 1 200 Passagiere an Deck / 325 PKW

1976 23. August: Stapellauf.
1976 Ablieferung an die Moltzau Line A/S, Gedser.
Einsatz im Fährdienst Gedser–Travemünde. Nachträglicher Einbau von Kabinen für 48 Passagiere. 5 314 BRT.
1986 Umbenannt ***Viking 2***. Einsatz für die Sally Line, Nassau, im Fährdienst Ramsgate–Dünkirchen.
1988 Umbenannt ***Sally Sky***.
1990 19. Januar: Ankunft in Immingham, wo das Schiff bei Humber Shiprepairers um 20,9 m auf 143,9 m ü.a. verlängert wird. 14 300 BRT, 1 150 Passagiere, davon 12 in Kabinen.
Danach wieder Ramsgate–Dünkirchen-Dienst.

GTS *Finnjet*

Silja Line, Helsinki

Erbaut für Enso Gutzeit OY (Finnlines), Helsinki

Bauwerft: OY Wärtsilä, Helsinki; Baunr. 407
24 605 BRT / 1 885 tdw / 212,8 m Länge ü.a. / 24,4 m Breite / Zwei Pratt & Whitney-Gasturbinen / 56 250 kW (75 000 PSw) / 2 Schrauben / 30,5 kn / 1 532 Passagiere / 220 PKW, 30 LKW
1976 28. März: Im Baudock aufgeschwommen.
9. Dezember: Erste Probefahrt.
1977 April: Ablieferung.
Helsinki–Travemünde-Dienst.
1981 Oktober: Wegen des hohen Treibstoffverbrauchs der Gasturbinen beschließt die Reederei den Umbau der Antriebsanlage. In Amsterdam werden zwei 18-Zyl.-Diesel Pielstick-Wärtsilä eingebaut, die 11 400 kW (15 500 PSe) leisten und über zwei Generatoren zwei Elektromotoren antreiben, die der ***Finnjet*** bei 14 400 kW (18 500 PSe) eine Geschwindigkeit von 18,5 Kn verleihen. Diese zusätzliche Antriebsanlage wird in den schwachen Wintermonaten eingesetzt.
13. Dezember: Wieder in Dienst gestellt. 25 042 BRT.
1983 1. Januar: An die Betriebsgesellschaft Finnjet Lines Ltd. übertragen.
1986 Einbau von 29 neuen Luxuskabinen. 1 544 Passagiere + 268 an Deck.
1986 Juni: An die EFFOA, Helsinki, verkauft. Für OY Effjohn-Trading AB registriert.
1987 Januar: Die EFFOA stellt die ***Finnjet*** unter die Bereederung ihrer Beteiligungsgesellschaft Silja Line.
1987: Das Schiff erhält Farbgebung und Schornsteinmarke der Silja Line.

MS *Hamburg* 1990 vor Cuxhaven. (Foto: Peter Voß)

Die *Sally Sky*. (Foto: Dirk Jankowsky)

MS ***Napoleon***

Société Nationale Maritime Corse Mediterranée (SNCM), Marseille

Bauwerft: Dubigeon-Normandie SA, Nantes; Baunr. 146
14 918 BRT / 3 000 tdw / 155,0 m Länge ü.a. / 24,0 m Breite / Zwei 18-Zyl.-Diesel mit Getriebe; Pielstick-Atlantique / 25 500 kW (32 200 PSe) / 2 Schrauben / 23,5 kn / 618 I. Klasse, 830 II. Klasse + 488 an Deck / 684 PKW

1975 4. November. Stapellauf für die CGT Mediterranée, die im März 1976 als SNCM reorganisiert wird.
1976 21. Juni: Jungfernreise Marseille–Ajaccio–Toulon.
1990 1 356 Passagiere + 488 an Deck.

SNCM-Fährschiff *Napoleon*. (Foto: Hans Jürgen Amberg)

Finnjet 1990 beim Verlassen von Travemünde. (Foto: Klaus-Peter Kiedel)

MS *Dana Anglia*

DFDS A/S, Esbjerg

Bauwerft: Aalborg Vaerft A/S; Baunr. 210
14 400 BRT / 3 440 tdw / 152,9 m Länge ü.a. / 23,7 m Breite / Zwei 18-Zyl.-Diesel mit Getriebe; Lindholmen-Pielstick / 15 520 kW (20 800 PSe) / 2 Schrauben / 21 kn / 1 249 Passagiere + 107 an Deck / Besatzung: 121 / 470 PKW

1977 24. Juni: Stapellauf.
Mai: Fertigstellung für DFDS A/S. Im Fährdienst Esbjerg–Harwich eingesetzt.
1983 Januar: Wegen finanzieller Schwierigkeiten der Reederei an Dansk Investering Fond verkauft, jedoch auf zehn Jahre zurückgechartert.
1983 14 399 BRT.
1989 29. Dezember: Von DFDS A/S, Esbjerg, zurückgekauft.

Dana Anglia 1989 beim Einlaufen nach Esbjerg. (Foto: Klaus-Peter Kiedel)

MS *Habib*

Cie Tunisienne de Navigation SA (COTUNAV), Tunis

Bauwerft: Werft Nobiskrug, Rendsburg; Baunr. 690
11 179 BRT / 3 372 tdw / 145,7 m Länge ü.a. / 23,5 m Breite / Vier 8-Zyl.-Diesel; Atlas-MaK / 17 900 kW (24 000 PSe) / 2 Schrauben / 23 kn / 658 Passagiere + 488 an Deck / Besatzung: 135 / 350 PKW

1977 17. Dezember: Stapellauf.
1978 19. Mai: Ablieferung.
3. Juni: Jungfernreise Tunis–Marseille. Das Schiff läuft zweimal wöchentlich nach Marseille und einmal nach Genua.

Größtes tunesisches Passagierschiff — die *Habib*. (Foto: Peter Voß)

MS *Flaminia*

Tirrenia SpA di Navigazione, Neapel

Bauwerft: Italcantieri, Castellammare di Stabia; Baunr. 4352
9485 BRT / 3250 tdw / 136,0 m Länge ü.a. / 23,0 m Breite / Zwei 16-Zyl.-Diesel mit Getriebe; GMT / 14121 kW (19200 PSe) / 2 Schrauben / 22 kn / 568 Passagiere + 160 an Deck / 470 PKW, 1020 LKW-Meter

1980 31. Mai: Stapellauf.
Fährdienst zwischen italienischen Häfen.
1988 Umbau, 12413 BRZ, 3741 tdw, 148,0 m Länge ü.a., max 2000 Passagiere, davon 568 in Kabinen. 11033 kW (15000 PSe).

***Clodia* siehe Farbteil Seite 107**

MS *Domiziana*

Tirrenia SpA di Navigazione, Neapel

Bauwerft: Italcantieri SpA, Castellammare di Stabia; Baunr. 4347
9485 BRT / 3250 tdw / 136,0 m Länge ü.a. / 23,0 m Breite / Zwei 16-Zyl.-Diesel mit Getriebe; GMT / 14123 kW (19200 PSe) / 2 Schrauben / 20,5 kn / 568 Passagiere + 160 an Deck / 470 PKW

1978 19. April: Stapellauf als ***Domizia***.
1979 2. Juli: Erste Reise im Fährdienst Genua–Porto Torres.
Fährdienst zwischen italienischen Häfen.
1987 Umbau und Verlängerung, 12750 BRZ, 3250 tdw, 148,0 m Länge ü.a., max 2000 Passagiere, davon 568 in Kabinen. 11033 kW (15000 PSe).

MS *Emilia*

Tirrenia SpA di Navigazione, Neapel

Bauwerft: Italcantieri SpA, Castellammare di Stabia; Baunr. 4349
9845 BRT / 3250 tdw / 136,0 m Länge ü.a. / 23,0 m Breite / Zwei 16-Zyl.-Diesel mit Getriebe; GMT / 14123 kW (19200 PSe) / 2 Schrauben / 20,5 kn / 568 Passagiere + 160 an Deck / 470 PKW

1978 19. Juli: Stapellauf.
Fährdienst zwischen italienischen Häfen.
1987 Umbau, 12750 BRZ, 3250 tdw, 148,0 m Länge ü.a., max 2000 Passagiere, davon 568 in Kabinen. 11033 kW (15000 PSe).

Die *Flamina* im Juli 1989.
(Foto: Frank Heine)

Domiziana 1990 in Genua.
(Foto: L. W. C. Lamers)

Auch die *Emilia* überschritt erst durch einen Umbau die 10000-BRT-Grenze.
(Foto: Frank Heine)

MS ***Nomentana***

Tirrenia SpA di Navigazione, Cagliari

Bauwerft: Italcantieri, Castellammare di Stabia; Baunr. 4350
9 485 BRT / 3 250 tdw / 136,0 m Länge ü.a. / 23,0 m Breite / Zwei 16-Zyl.-Diesel mit Getriebe; GMT / 14 123 kW (19 200 PSe) / 2 Schrauben / 22 kn / 568 Passagiere + 160 an Deck / 470 PKW

1979 8. März: Stapellauf.
Fährdienst zwischen italienischen Häfen.
1988 Umbau, 12 750 BRT, 3 250 tdw, 148,0 m Länge ü.a., max 2 000 Passagiere, davon 568 in Kabinen. 11 033 kW (15 000 PSe).

Die Tirrenia-Fähre *Nomentana*. (Foto: Antonio Scrimali)

MS ***Aurelia***

Tirrenia SpA di Navigazione, Neapel

Bauwerft: Fincantieri, Castellammare di Stabia; Baunr. 4351
9 485 BRT / 3 250 tdw / 136,0 m Länge ü.a. / 23,0 m Breite / Zwei 16-Zyl.-Diesel mit Getriebe; GMT / 14 123 kW (19 200 PSe) / 2 Schrauben / 22 kn / 568 Passagiere + 160 an Deck / 470 PKW, 1 020 LKW-Meter

1979 24. November: Stapellauf.
1980 Fertigstellung.
Fährdienst zwischen italienischen Häfen.
1987 Für Italimpresit SpA, Neapel, registriert.
1988 Umbau, 12 523 BRZ, 3 250 tdw, 148,0 m Länge ü.a., max 2 000 Passagiere, davon 568 in Kabinen. 11 033 kW (15 000 PSe).

Die verlängerte *Aurelia*. (Foto: Frank Heine)

MS ***Ile de Beauté***

Societé Nationale Maritime Corse Méditerranée (SNCM), Marseille

Erbaut als ***Cyrnos***

Bauwerft: Dubigeon-Normandie SA, Nantes; Baunr. 160
11 819 BRT / 2 400 tdw / 138,6 m Länge ü.a. / 23,0 m Breite / Vier 12-Zyl.-Diesel mit Getriebe; Pielstick- Alsthom-Atlantique / 23 280 kW (31 200 PSe) / 2 Schrauben / 22 kn / 1 332 Passagiere + 335 an Deck / Besatzung: 133 / 440 PKW

1978 14. November: Stapellauf ohne Namensgebung.
1979 31. Mai: Ablieferung als ***Cyrnos***.
18. Juni: Taufe und Jungfernreise Marseille–Ajaccio.
1984 1 074 Passagiere + 228 an Deck.
1989 September: Ankunft in Marseille, wo das Schiff bei der Cie Marseillaise de Reparations um 20,4 m auf 159,0 m Länge ü.a. verlängert wird. 20 564 BRZ.
1 344 Passagiere + 310 an Deck.
1990 18. Juni: Rücklieferung als ***Ile de Beauté***.

Ile de Beauté mit dem neuen Schriftzug am Rumpf. (Foto: Dr. Christian Ostersehlte)

Das Turbinenschiff *Britanis* ist das dienstälteste aller großen Passagierschiffe der Welt. (Foto: Hans Jürgen Amberg)

TS ***Britanis***

Chandris SA, Panama
ex ***Lurline*** – 1970; ex ***Matsonia*** – 1963

Erbaut als ***Monterey***
Matson Navigation Co, San Franzisko

Bauwerft: Bethlehem Steel Co, Shipyard Div, Quincy Mass; Baunr. 1441
18 017 BRT / 11 476 tdw / 192,5 m Länge ü.a. / 24,1 m Breite / Zwei Satz Getriebeturbinen; Bauwerft / 18 650 kW (25 000 PSw) / 2 Schrauben / 21,5 kn / 472 I. Klasse, 229 Kabinenklasse / Besatzung: 360

1931 10. Oktober: Stapellauf für die Matson Navigation Co, San Franzisko.
1932 20. April: Ablieferung.
12. Mai: Überführungsreise New York–San Franzisko.
3. Juni: Jungfernreise San Franzisko–Honolulu–Sydney.

1941 Dezember: Als Truppentransporter der US-Army in Dienst gestellt.

1946 26. Dezember: An Matson zurück. Umbau in Alameda, aus finanziellen Gründen 1947 gestoppt.

1952 6. August: An die US-Regierung verkauft. In der Suisun Bay aufgelegt.

1956 3. Februar: Die Matson Line kauft das Schiff zurück.
April: Bis Mai 1957 in Newport News umgebaut und modernisiert.
In ***Matsonia*** umbenannt.
Am 17. Mai 1957 an die Reederei zurückgeliefert. 18 655 BRT;
761 Passagiere I. Klasse.

1957 22. Mai: Erste Reise von New York nach Los Angeles, dann im alten Dienst San Franzisko–Los Angeles–Honolulu.

1963 6. Dezember: In ***Lurline*** umbenannt.

1970 30. Juni: An Chandris verkauft. In Piräus umgebaut. Umbenannt in ***Britanis***. 1 632 Passagiere. Besatzung ca. 350. In Piräus für die Ajax Nav Corp registriert.

1971 21. Februar: Erste Reise im Rund-um-die-Welt-Dienst Southampton–Sydney–Southampton.

1975 Nur noch für Kreuzfahrten eingesetzt. 1 200 Passagiere, 475 Mann Besatzung.

1982 Mai: An die Chandris-Tochtergesellschaft Fantasy Cruises, die das Schiff für New York–Bermuda-Kreuzfahrten einsetzt. Nach Panama umgeflaggt.

1986 mit 15 412 BRT registriert.

TS *Independence*

American Hawaii Cruises Inc, Honolulu
ex ***Oceanic Independence*** – 1982

Erbaut als ***Independence***
American Export Lines Inc, New York

Bauwerft: Bethlehem Steel Co, Shipyard Div, Quincy Mass; Baunr. 1618
23 719 BRT / 7 250 tdw / 208,0 m Länge ü.a. / 27,2 m Breite / Zwei Satz Getriebeturbinen; Bauwerft / 41 000 kW (55 000 PSw) / 2 Schrauben / 23 kn / 295 I. Klasse, 375 Kabinenklasse, 330 Touristenklasse

1950 3. Juni: Stapellauf.
1951 Januar: Fertigstellung.
11. Februar: Jungfernreise (Kreuzfahrt) New York–Mittelmeer.
12. April: New York–Genua–, später New York–Neapel-Dienst.

1959 Februar bis April: Umbau der Passagiereinrichtungen in Newport News. 110 Fahrgäste I. Klasse mehr. 23 754 BRT.

1967 20 251 BRT.

1968 Die amerikanische Reiseagentur Fugazi setzt die ***Independence*** als »Funship« für eine neue Art von Kreuzfahrten ein.
Umbau zum Einklassenschiff und Bemalung des Schiffes innen und außen mit Pop-und Schockfarben.

1969 13. März: Der Liner wird in Baltimore aufgelegt.

1974 Januar: An die Atlantic Far East Lines Inc, Panama, (C.Y. Tung) verkauft. Umbenannt ***Oceanic Independence***. 950 Passagiere in einer Klasse. Kreuzfahrten.

1976 19. Januar: In Hongkong aufgelegt.
November: Verkauf an die Shannon SA in Panama und Umbenennung in ***Sea Luck 1*** gemeldet, jedoch nicht realisiert.
1979 An die American Hawaii Cruise Inc, die zur Tung-Gruppe gehört. Bei Kawasaki in Kobe und in Taiwan repariert und umgebaut.
1980 Juni: Für 7-Tage-Kreuzfahrten in den Gewässern Hawaiis in Dienst gestellt.
20 220 BRT, 750 Passagiere.
1981 24. September: Vor Nawiliwili auf Grund gelaufen. Die Passagiere gehen von Bord und werden nach Hause geflogen.
7. Oktober: Die ***Oceanic Independence*** trifft zur Reparatur in San Franzisko ein.
1982 Auf die American Global Line übertragen und in ***Independence*** umbenannt. Hawaii-Kreuzfahrten.
1990 20 221 BRT.

Einer der wenigen klassischen Zweischornsteiner in der gegenwärtigen Kreuzfahrerflotte der Welt ist die *Independence* der American Hawaiian. (Foto: Sammlung Weirauch)

TS *United States*

United States Cruises Inc, Seattle

Erbaut für United States Lines Inc, New York

Bauwerft: Newport News SB & DD Co; Baunr. 488
53329 BRT / 13016 tdw / 301,8 m Länge ü.a. / 31,0 m Breite / Vier Satz Getriebeturbinen; Westinghouse / 130000 kW (173800 PSw) / 4 Schrauben / 30, max. 38,32 kn / 871 I. Klasse, 508 Kabinenklasse, 549 Touristenklasse

1951 23. Juni: Aufschwimmen im Baudock.
1952 21. Juni: Ablieferung.
3. Juli: Jungfernreise New York–Southampton. Die ***United States*** bricht alle Nordatlantik-Geschwindigkeitsrekorde. Von Ambrose Feuerschiff nach Bishops Rock läuft sie in 3 Tagen, 10 Stunden und 40 Minuten mit einer Durchschnittsgeschwindigkeit von 35,59 Knoten. Auf der Heimreise durchläuft sie die gleiche Strecke in 3 Tagen, 12 Stunden und 12 Minuten mit 34,51 Knoten. Dieser Rekord besteht noch heute.
In den Wintermonaten Ausdehnung des Dienstes nach Bremerhaven.
1961 51988 BRT.
1962 US-Vermessung 44893 BRT, die 1967 auf 38216 BRT reduziert wird.
1969 8. November: In Newport News aufgelegt, später in Hampton Roads.
1973 Februar: Die US Maritime Administration kauft das Schiff.

Weiterhin aufgelegt in Norfolk, Va. Mehrfach zum Verkauf angeboten, jedoch immer unter der Bedingung, daß das Schiff unter der US-Flagge bleibt.
1978 An die United States Cruises Inc, Seattle, die aber erst 1981 die zweite Rate des Kaufpreises aufbringt.
1983 Internationale Werften reichen Angebote zum Umbau der ***United States*** in einen Cruise Liner ein. Die Hapag-Lloyd-Werft in Bremerhaven, HDW in Hamburg und die Bath Ironworks in Bath, Maine, sind die aussichtsreichsten Bewerber.
1984 September: Unterzeichnung des Umbauvertrages zwischen HDW und den amerikanischen Eignern.
1985 Die HDW zieht sich wegen der von ihr als unzureichend angesehenen Finanzierung aus dem Vertrag zurück.
1989 4. März: Liegeplatzwechsel nach Newport News.

Nach wie vor ungewiß ist das Schicksal der *United States*, der Inhaberin des Blauen Bandes — trotz des Katamaran *Sea Cat*. Die Bilder auf dieser Seite lassen erkennen, daß eine Wiederherstellung noch immer möglich ist, sie zeigen aber auch, wie teuer das inzwischen werden würde. (Fotos: Hajo Schaefer)

MS ***Mermoz***

Paquet Cruises, Nassau

Erbaut als ***Jan Mermoz***
Cie de Nav Fraissinet et Cyprien Fabre, Marseille

Bauwerft: Chantiers de l'Atlantique, St. Nazaire; Baunr. D17
12 460 BRT / 3 459 tdw / 162,0 m Länge ü.a. / 19,8 m Breite / Zwei 7-Zyl.-Diesel; B&W-Bauwerft / 8 000 kW (10 600 PSe) / 2 Schrauben / 17 kn / 144 I.Kl, 140 II. Klasse, 110 III. Klasse, 460 Mann Truppen / Besatzung: 196

1956 17. November: Stapellauf.
1957 Mai: Fertigstellung.
Im Liniendienst Marseille–Pointe Noir eingesetzt.

1965 An die Nouvelle Cie de Paquebots, Marseille.

1970 Bei der Mariotti Werft in Genua für Kreuzfahrten umgebaut.
13 804 BRT, 757 Passagiere, 264 Mann Besatzung. In ***Mermoz*** umbenannt.
September: Erste Kreuzfahrt.

1984 Über die Chargeurs Réunis, Marseille, an die Chargeurs Savamo. In Nassau registriert. Bereedert von Nouvelle Cie des Paquebots.

1985 9. Januar: Wiederindienststellung nach dreimonatiger Überholung bei Ateliers et Chantiers de Marseilles Provence.

Die *Mermoz* in einem norwegischen Fjord. (Foto: Hans Jürgen Amberg)

Die *Seabreeze I* vor Miami. (Foto: Hans Jürgen Amberg)

TS ***Seabreeze I***

Dolphin Cruise Line, Panama
ex ***Starship Royale*** – 1989;
ex ***Royale*** – 1989

Erbaut als ***Federico C***
Costa Armatori SpA, Neapel

Bauwerft: Ansaldo SpA, Setri-Ponente, Genua; Baunr. 1516
20 416 BRT / 6 600 tdw / 184,6 m Länge ü.a. / 24,0 m Breite / Zwei Satz Getriebeturbinen; Bauwerft / 21 350 kW (28 600 PSw) / 2 Schrauben / 21 kn / 243 I. Klasse, 300 II. Klasse, 736 III. Klasse

1957 31. März: Stapellauf.
1958 März: Fertigstellung. Für den Lloyd Tirreno SpA registriert.
22. März: Jungfernreise im Liniendienst Genua–Buenos Aires.
Auch für Kreuzfahrten eingesetzt.
1968 Passagiereinrichtungen geändert: 186 I. Klasse, 1 450 Touristenklasse. Auf Kreuzfahrten 1 259 Passagiere in einer Klasse.
1983 Dezember: An die Premier Cruise Line Ltd, Panama, verkauft. Umbenannt in ***Royale***.
1984 Februar: Erste Kreuzfahrt ab Port Canaveral.
1985 Für die Florida Tec Nauta Inc registriert.
1989 2. Februar: Umbenannt ***Starship Royale***.
An Ulysses Cruises Inc, Panama.
Neuer Name ***Seabreeze I***.
Für die Compania de Vapores Fanal SA, Panama, eingetragen.
1991 Für Ulysses Cruises Inc, Panama, registriert, von der Dolphin Cruise Line bereedert.

TS ***Patriot State***

Government of the United States of America, Department of Transport, Buzzards Bay, Mass.

Erbaut als ***Santa Mercedes***
Grace Line Inc, New York

Bauwerft: Bethlehem Steel Co., Sparrows Point; Baunr. 4602
14 442 BRT / 9 382 tdw / 166,1 m Länge ü.a. / 24,1 m Breite / Zwei Satz Getriebeturbinen; General Electric / 14 770 kW (19 800 PSw) / 1 Schraube / 20 kn / 121 Passagiere / Besatzung: 128

1963 30. Juli: Stapellauf für die Grace Line Inc, New York.
1964 7. April: Ablieferung. New York–Peru-Dienst.
1967 Mit 11 188 BRT vermessen.
1970 Grace und Prudential fusionieren zur Prudential-Grace-Lines. Liniendienst von Vancouver durch den Panamakanal rund um Südamerika wieder nach Vancouver, wobei 20 Zwischenhäfen angelaufen werden.
1982 An die Delta Steamship Lines. 11 221 BRT.
1983 14. Juni: Ankunft in San Franzisko, wo das Schiff an die US Maritime Commission übergeben wird.
Anschließend Umbau bei der Bender Shipbuilding & Repair in Mobile, Alabama. Unter dem Namen ***Patriot State*** Schulschiff der Massachusetts Marine Academy. Für das Department of Transport in Norfolk, Virginia, registriert.
1990 Heimathafen Buzzards Bay, Mass.

Das letzte der fünf *Santa*-Schwesterschiffe liegt heute als Schulschiff *Patriot State* in Barbados. (Foto: Steffen Weirauch)

Die *World Renaissance* vor Mykonos. (Foto: Arnold Kludas)

MS ***World Renaissance***

Epirotiki Lines SA, Piräus
ex ***Homeric Renaissance*** – 1978

Erbaut als ***Renaissance***
Cie Française de Navigation, Marseille

Bauwerft: Chantiers de l'Atlantique, St. Nazaire; Baunr. D23
11 724 BRT / 2 930 tdw / 150,1 m Länge ü.a. / 21,0 m Breite / Zwei 6-Zyl.-Diesel; B & W-Bauwerft / 10 060 kW (13 680 PSe) / 2 Schrauben / 18,5 kn / 416 Passagiere / Besatzung: 191

1965 11. Dezember: Stapellauf.
1966 10. Mai: Ablieferung.
Marseille–Haifa-Dienst. Kreuzfahrten.
1970 An die Nouvelle Cie de Paquebots, Marseille, verkauft.
1977 Als ***Homeric Renaissance*** an die Epirotiki Lines SA, Piräus.
1978 An die Hellenic Company Overseas Cruises SA (Epirotiki), Piräus. Umbenannt in ***World Renaissance***. 516 Passagiere.
1979 Mit 8 665 BRT vermessen.

Die *Discovery I* nimmt Fahrt auf. (Foto: Hans Jürgen Amberg)

MS ***Discovery I***

Bajamar Shipping Ltd, Panama
ex ***Scandinavian Sea*** – 1981;
ex ***Venus Venturer*** – 1986

Erbaut als ***Blenheim***
Fred Olsen Lines Ltd, London

Bauwerft: Upper Clyde Shipbuilders Ltd, Clydebank; Baunr. 744
10 420 BRT / 3 791 tdw / 149,4 m Länge ü.a. / 20,0 m Breite / Zwei 18-Zyl.-Diesel mit Getriebe; Pielstick- Crossley / 13 400 kW (18 000 PSe) / 2 Schrauben / 22,5 kn / 396 bei Kreuzfahrten, im Fährdienst 995 / Besatzung: 130 / 300 PKW

1970 10. Januar: Stapellauf.
1. September: Ablieferung. Die ***Blenheim*** läuft im Sommer zwischen London und Las Palmas. Während der Wintermonate Kreuzfahrten.
1981 An die DFDS, Kopenhagen, verkauft. Auf den Bahamas in Nassau registriert.
1. November: Ankunft in Hamburg zum Umbau bei Blohm + Voss.
1982 18. Januar: Als ***Scandinavian Sea*** in Dienst gestellt. 10 736 BRT. 580 Passagiere + 527 an Deck.
Miami–Bahama-Kreuzfahrten.
1984 9. März: Auf einer Tageskreuzfahrt von Port Canaveral bricht in einer Passagierkabine ein Brand aus. Das mit 946 Menschen besetzte Schiff läuft nach Port Canaveral zurück und gibt die Passagiere an Land. Das Feuer kann erst am 11. März gelöscht werden. Die Brandschäden sind so schwer, daß die ***Scandinavian Sea*** zum Totalverlust erklärt wird.
1984 Mai: Das Wrack wird an den Griechen Antonios Lelakis verkauft, der es an US-Käufer weiterveräußert.
Als ***Venus Venturer*** für die Pan Oceanic Navigation inc, Panama, eingetragen.
1985 Im Schlepp der ***Abbeille Provence*** nach Valencia überführt.
17. Februar: Ankunft. Reparaturarbeiten in Valencia und Barcelona.
1986 Von der Bajamar Shipping Ltd, Panama, übernommen.
7. November: Ankunft in Port Everglades unter dem Namen ***Discovery I***. Für Kreuzfahrten eingesetzt.
1987 12 244 BRZ.
1990 1 350 Tagespassagiere.

MS *Sunward II*

Kloster Cruise Ltd, Nassau

Erbaut als ***Cunard Adventurer***
Cunard Line Ltd, Southampton

Bauwerft: Rotterdamsche DD My; Baunr. 329
14 151 BRT / 2 314 tdw / 148,1 m Länge ü.a. / 21,5 m Breite / Vier 12-Zyl.-Diesel mit Getriebe; Stork-Werkspoor / 20 150 kW (27 000 PSe) / 2 Schrauben / 21,5 kn / 832 Passagiere / Besatzung: 412

1971 2. Februar: Stapellauf. Ursprünglich war das Schiff von der Overseas National Airways Inc bestellt worden, an der Cunard mit 50 % beteiligt war.
Im Juli 1970 übernimmt Cunard die ONA zu 100 % .
28. August: Probefahrt.
19. Oktober: Ablieferung.
19. November: Jungfernreise Southampton–San Juan. Kreuzfahrten in der Karibik.
1976 Für Cunard Cruise Ships registriert.
1977 An Klosters R/A, Oslo, verkauft und in ***Sunward II*** umbenannt.
8. März: Ankunft in Bremerhaven, wo das Schiff bei der Hapag-Lloyd Werft umgebaut wird.
24. April: Umbau beendet. 14 110 BRT. 718 Passagiere. Kreuzfahrten in der Karibik.
1987 In Nassau registriert.
1990 857 Passagiere.

Die *Sunward II* in der Karibik. (Foto: Hans-Jürgen Amberg)

Corsica Regina nach der Verlängerung. (Foto: Hans Jürgen Amberg)

MS *Corsica Regina*

Corsica Ferries, Panama
ex ***Corsica Viva II*** – 1989; ex ***Drotten*** – 1985

Erbaut als ***Visby***
Gotlandsbolaget, Visby

Bauwerft: Brodogradiliste »Jozo Lozovina-Mosor«, Trogir; Baunr. 161
6665 BRT / 1472 tdw / 123,8 m Länge ü.a. / 20,5 m Breite / Sechs 16-Zyl.-Diesel mit Getriebe; Polar-N&H / 10590 kW (14400 PSe) / 2 Schrauben / 19,5 kn / 379 Passagiere + 1292 an Deck / 300 PKW

1972 12. Februar: Stapellauf.
1972 Oktober: Ablieferung. Einsatz im Fährdienst Nynäshamn/Oskarshamn–Visby.
1980 Umbenannt ***Drotten***.
1983 Genua–Barcelona-Dienst in Charter der Miura Line.
1985 An Tourship Co SA, Panama, verkauft. Von Corsica Ferries bereedert. Umbenannt ***Corsica Viva II***. Zwischen Bastia, Korsika und Genua eingesetzt.
1988 Oktober: Ankunft zum Umbau bei Industrie Navali Meccaniche Affini SpA, La Spezia.
1989 April: Rücklieferung nach Umbau und Verlängerung. Umbenannt ***Corsica Regina***. 146,6 m Länge ü.a, 844 Passagiere + 1016 an Deck, 460 PKW.

MS *Lissos*

Ananymos Naftiliaki Etaireia Kritis AE (ANEK), Chania

Erbaut als ***Ferry Hamanasu***
Shin Nipponkai Ferry KK, Otaru

Bauwerft: Koyo Dockyard Co Ltd, Mihara; Baunr. 636
9 875 BRT / 5 172 tdw / 162,0 m Länge ü.a. / 26,4 m Breite / Zwei 18-Zyl.-Diesel; Pielstick / 13 428 kW (18 000 PSe) / 2 Schrauben / 21 kn / 1 171 Passagiere / 556 PKW

1972 Ablieferung.
Einsatz im Fährdienst Otaro–Niigata.
1989 An ANEK, Chania, verkauft, umbenannt ***Lissos***.
13 407 BRT, 746 Passagiere + 554 an Deck.
Fährdienst Griechenland–Italien.

Die ehemalige japanische Fähre *New Hamanasu* als *Lissos* im Mittelmeer.
(Foto: Frank Heine)

MS *Clodia*

Tirrenia SpA di Navigazione, Cagliari

Bauwerft: Italcantieri Genua; Baunr. 4348
9 385 BRT / 3 250 tdw / 136,0 m Länge ü.a. / 23,0 m Breite / Zwei 16-Zyl.-Diesel mit Getriebe; GMT / 14 123 kW (19 200 PSe) / 2 Schrauben / 22,2 kn / 568 Passagiere + 160 an Deck / 470 PKW

1978 15. Dezember: Stapellauf.
1979 Ablieferung.
Fährdienst zwischen italienischen Häfen.
1988 Umbau, 12 413 BRZ, 3 741 tdw, 148,0 m Länge ü.a., max 2 000 Passagiere, davon 568 in Kabinen. 11 033 kW (15 000 PSe).

Die *Clodia* in Neapel.
(Foto: Hans Jürgen Amberg)

Die *Celebration* vor der Kulisse von San Juan. (Foto: Steffen Weirauch)

MS *Celebration*

Carnival Cruise Lines, Monrovia

Bauwerft: Kockums AB, Malmö; Baunr. 597
47 262 BRZ / 6 405 tdw / 223,4 m Länge ü.a. / 28,0 m Breite / Zwei 7-Zyl.-Diesel; Sulzer / 23 510 kW (32 000 PSe) / 2 Schrauben / 19 kn / 1 896 Passagiere / Besatzung: 680

1986 9. August: Stapellauf.
1987 9. Februar: Überführungsreise ab Malmö. Registriert für Celebration Cruises Inc, Monrovia.
Karibik-Kreuzfahrten.
1989 10. Februar: 20 sm nördlich Punta Guarico kollidiert die ***Celebration*** mit dem kubanischen Frachter ***Capitan San Louis*** und zerschneidet ihn in zwei Teile, die unmittelbar darauf sinken. Drei Besatzungsmitglieder des Frachters kommen ums Leben. Die ***Celebration*** wird nur leicht beschädigt.

MS *Nord Pas-de-Calais*

Société Noveau Armament Transmanche (SNAT), Dünkirchen

Bauwerft: Cantiers du Nord et de la Mediterranée SA, Dünkirchen; Baunr. 325
13 727 BRZ / 4 284 tdw / 160,0 m Länge ü.a. / 23,0 m Breite / Zwei 16-Zyl.-Diesel mit Getriebe; Sulzer / 18 022 kW (24 500 PSe) / 2 Schrauben / 21,5 kn / 80 Passagiere / Besatzung: 35 / 600 m Gleis / 45 LKW

1987 15. April: Stapellauf.
1988: Indienststellung für Société Nationale des Chemins de Fer Francais, Dünkirchen. Eisenbahnfährdienst Dover–Dünkirchen.
1989 Auf die Société Noveau Armament Transmanche, Dünkirchen, übertragen.

Das französische Eisenbahnfährschiff *Nord Pas-de-Calais* im Oktober 1990. (Foto: Frank Heine)

MS *Viking Serenade*

Royal Caribbean Cruise Line, Nassau
ex ***Stardancer*** – 1990

Erbaut als ***Scandinavia***
The United Steamship Co (Bahamas) Ltd, Nassau

Bauwerft: Dubigeon-Normandie SA, Nantes; Baunr. 164
26747 BRT / 4000 tdw / 185,3 m Länge ü.a. / 27,0 m Breite / Zwei 9-Zyl.-Diesel; B&W-Atlantique / 19800 kW (26600 PSe) / 2 Schrauben / 20 kn / 1606 Passagiere / Besatzung: 350 / 530 PKW

1981 16. Oktober: Stapellauf.
Juli: Fertigstellung.
Oktober: Jungfernreise im New York–Bahamas-Dienst der Scandinavian World Cruises, einer Tochtergesellschaft der DFDS, Kopenhagen.

1984 Wegen unbefriedigender Ergebnisse auf der Bahama-Route wird die ***Scandinavia*** in den Fährdienst Kopenhagen–Oslo eingestellt.
November: Mit Lieferung 1985 an die Sundance Cruise Corp in Nassau verkauft.

1985 29. April: Nach Umbau bei Blohm + Voss in Hamburg und Umbenennung in ***Stardancer*** von der Sundance Cruise Corp, Nassau, in Dienst gestellt.
30. April: Überführungsfahrt in die USA, dort für Kreuzfahrten eingesetzt.

1990 Januar: Auf die Royal Caribbean Cruise Line, Nassau, übertragen, umbenannt ***Viking Serenade***.
Für Viking Serenade Inc. registriert.
Kreuzfahrten von Los Angeles nach Mexico, sowie von Vancouver nach Alaska.

Inzwischen läuft die *Stardancer* als *Viking Serenade*. Diese Luftaufnahme zeigt das Schiff 1987 vor Vancouver.
(Foto: Sammlung Steffen Weirauch)

MS ***Aegean Dolphin***

Dolphin (Hellas) Shipping SA, Piräus
ex ***Aegean Dolphin*** – 1990; ex ***Dolphin*** – 1990; ex ***Aegean Dolphin*** – 1989;

Bauwerft: Santierul Naval Galatz, Galatz; Baunr. 617
11 563 BRZ / 4 174 tdw / 128,3 m Länge ü.a. / 20,5 m Breite / Zwei 14-Zyl.-Diesel; Crossley-Pielstick / 10 154 kW (13 800 PSe) / 2 Schrauben / 17 kn / 720 Passagiere

1972 Stapellauf als ***Narcis***, Zim Israel Navigation Co Ltd, Haifa.
1973 Ablieferung, als RoRo-Frachter mit 8 224 BRT vermessen.
1985 An Dolphin Hellas Shipping SA, Piräus, verkauft. Umbenannt ***Alkyon***.
1986 Beginn des Umbaus zum Kreuzfahrtschiff auf der Perama-Werft in Griechenland. Umbenannt ***Aegean Dolphin***.
1988 Ablieferung. Kreuzfahrten ab Venedig.
1989 Umbenannt ***Dolphin***.
1990 Wieder ***Aegean Dolphin***.
November: Umbenennung in ***Seawind Crown*** und Einsatz in der Karibik geplant, jedoch wegen finanzieller Probleme nicht realisiert.

Die *Aegean Dolphin*. (Foto: Steffen Weirauch)

Die *Karl Carstens* der Deutschen Bundesbahn. (Foto: Frank Heine)

MS ***Karl Carstens***

Deutsche Bundesbahn, Puttgarden

Bauwerft: Howaldtswerke-Deutsche Werft AG, Kiel; Baunr. 211
12 829 BRZ / 2 295 tdw / 164,6 m Länge ü.a. / 17,4 m Breite / Sechs 12-Zyl.-Diesel; MaK / 14 400 kW / Sechs Generatoren; Siemens / 13 680 kW / Zwei elektrische Fahrmotoren; Siemens / 9 500 kW / 2 Schrauben / 16 (max.20,2) kn / 1 500 Deckspassagiere

Besatzung: 120 / 333 PKW, 12 D-Zug-Wagen

1986 17. Januar: Aufschwimmen im Baudock.
2. Mai: Taufe und Ablieferung.
7. Mai: Vorstellungsfahrt Kiel–Hamburg. Danach weitere Werbefahrten in der Ostsee.
Mai: Jungfernreise auf der Route Puttgarden–Rödbyhavn.

MS *Olau Hollandia*

Olau-Line (U.K.) Ltd & Co, Hamburg

Bauwerft: Schichau Seebeckwerft, Bremerhaven, Baunr. 1067

33 336 BRT / 5 083 tdw / 165,0 m Länge ü.a. / 29,0 m Breite / Vier 8-Zyl.-Diesel mit Getriebe; Sulzer-Zgoda / 19 600 kW (26 650 PSe) / 2 Schrauben / 21,3 kn / 1 642 Passagiere / Besatzung: 188 / 590 PKW

1989 25. Februar: Stapellauf.
29. September: Taufe und Übergabe. Für die Partenreederei m.s. »Olau Hollandia« registriert.
1989 4. Oktober: Aufnahme des Fährdienstes Vlissingen–Sheerness.
1990 1 720 Passagiere.

Die *Olau Hollandia* hat nach ihrer Gästefahrt im Kaiserhafen von Bremerhaven festgemacht. (Foto: Peter Voß)

Stena Nordica ex *Turella*. (Foto: Frank Heine)

MS ***Stena Nordica***

Stena AB, Göteborg

Erbaut als ***Turella***
SF Line A/B, Mariehamn (Viking Line)

Bauwerft: OY Wärtsilä, Turku; Baunr. 1242
10 604 BRT / 3 100 tdw / 136,1 m Länge ü.a. / 24,2 m Breite / Vier 12-Zyl.-Diesel mit Getriebe; Pielstick-Wärtsilä / 17 900 kW (24 000 PSe) / 2 Schrauben / 21,5 kn / 750 Passagiere + 950 an Deck / Besatzung: 140 / 555 PKW
1978 24. November: Stapellauf.
1979 Juni: Fertigstellung.
Turku–Stockholm-Dienst.
1988 September: An Stena AB, Göteborg, verkauft, umbenannt ***Stena Nordica***.
Frederikshavn–Moss- und Frederikshavn Göteborg-Dienst.
1990 10 549 BRT.

Viking-Fähre *Rosella*. (Foto: K. Brzoza)

MS ***Rosella***

Viking Line, Mariehamn

Bauwerft: OY Wärtsilä, Turku; Baunr. 1249
10 604 BRT / 3 100 tdw / 136,1 m Länge ü.a. / 24,2 m Breite / Vier 12-Zyl.-Diesel mit Getriebe; Pielstick- Wärtsilä / 17 900 kW (24 000 PSe) / 2 Schrauben / 21,5 kn / 750 Passagiere + 950 an Deck / Besatzung: 140 / 555 PKW
1979 14. August: Stapellauf.
1980 21. April: Ablieferung, für SF Line A/B, Mariehamn, registriert.
Im Fährdienst zwischen Finnland und Schweden eingesetzt.
1986 10 757 BRT.

Das sowjetische Fährschiff *Georg Ots*. (Foto: K. Brzoza)

MS ***Georg Ots***

Estonian Shipping Co, Tallinn

Bauwerft: Stocznia Szczecinska im. A. Warskiego, Stettin; Baunr. B493
11 496 BRT / 1 363 tdw / 125,0 m Länge ü.a. / 21,0 m Breite / Vier 6-Zyl.-Diesel mit Getriebe; Sulzer-Zgoda / 12 800 kW (17 400 PSe) / 2 Schrauben / 19 kn / 216 Passagiere + 784 an Deck / Besatzung: 186

1979 November: Stapellauf.
1980 Ablieferung.
Tallinn–Leningrad–Helsinki-Dienst.

MS ***New Suzuran***

Shin Nipponkai Ferry, Otaru

Bauwerft: Koyo Dockyard Co, Mihara; Baunr. 828
16239 BRT / 5561 tdw / 191,8 m Länge ü.a. / 29,4 m Breite / Zwei 16-Zyl.-Diesel mit Getriebe; MAN; Mitsubishi / 23870 kW (32000 PSe) / 2 Schrauben / 25 kn / 870 Passagiere / Besatzung: 64 / 46 PKW, 163 LKW

1979 22. Februar: Stapellauf.
Mai: Fertigstellung und Jungfernreise Tsuruga–Otaru.
1981 14624 BRT.
1985 14586 BRT.
1987 14306 BRT.

Diana II auf der Übergabefahrt. (Foto: Arnold Kludas)

MS ***New Yukari***

Shin Nipponkai Ferry KK, Otaru

Bauwerft: Koyo Dockyard Co, Mihara; Baunr. 830
16250 BRT / 5631 tdw / 191,8 m Länge ü.a. / 29,4 m Breite / Zwei 16-Zyl.-Diesel mit Getriebe; MAN-Mitsubishi / 23870 kW (32000 PSe) / 2 Schrauben / 25 kn / 870 Passagiere / Besatzung: 64 / 46 PKW, 163 LKW

1979 30. März: Stapellauf.
Juli: Fertigstellung.
Zwischen Tsuruga und Otaru eingesetzt.
1981 14618 BRT.
1985 14582 BRT.
1989 14299 BRT.

MS ***Diana II***

Viking Line, Slite

Bauwerft: Jos. L. Meyer, Papenburg; Baunr. 592
11671 BRT / 2400 tdw / 137,0 m Länge ü.a. / 24,2 m Breite / Vier 8-Zyl.-Diesel mit Getriebe; MAN / 17900 kW (24000 PSe) / 2 Schrauben / 21 kn / 714 Passagiere + 986 an Deck / Besatzung: 100 / 555 PKW

1979 31. Mai: Stapellauf.
9. Juni: Ablieferung. Im Schiffsregister ist das Schiff als ***Diana II af Slite*** für die P/R Diana II eingetragen.
16. Juni: Jungfernreise Stockholm–Mariehamn–Turku.
1984 11537 BRT. 828 Passagiere + 1024 an Deck. Kappelskär–Mariehamn–Turku-Dienst.

Japanisches Fährschiff *New Suzuran*. (Foto: J. F. Van Puyvelde)

Motorfährschiff *New Yukari*. (Foto: J. F. Van Puyvelde)

Die *Liberté* im Hafen von Marseille. (Foto: Jürgen Scholz)

MS ***Liberté***

Société Nationale Maritime Corse Méditerranée (SNCM), Marseille

Bauwerft: Dubigeon-Normandie SA, Nantes; Baunr. 161
12 000 BRT / 2 700 tdw / 141,5 m Länge ü.a. / 21,9 m Breite / Zwei 18-Zyl.-Diesel mit Getriebe; Pielstick-Atlantique / 17 460 kW (23 400 PSe) / 2 Schrauben / 21,5 kn / 454 Kabinenklasse, 638 III. Klasse

1979 5. Dezember: Stapellauf ohne Namensgebung.
1980 19. Juni: Taufe.
22. Juni: Ablieferung.
Marseille–Nordafrika-Dienst und Mini-Cruises.
1984 10 766 BRT. 956 Passagiere in zwei Klassen + 738 an Deck.
1990 5. November: Ankunft in Marseilles, wo das Schiff bei der Cie Marseillaise de Reparations verlängert wird.

MS *Dronning Ingrid*

Danske Statsbaner, Korsör

Bauwerft: Helsingör Värft A/S, Helsingör; Baunr. 418
10 607 BRT / 4 150 tdw / 152,0 m Länge ü.a./ 22,8 m Breite / Sechs 16-Zyl.-Diesel mit Getriebe; B&W-Alpha / 18 950 kW (25 400 PSe) / 2 Schrauben / 19 kn / 2 000 Deckspassagiere / 490 m Gleis

1980 25. Januar: Stapellauf.
Juni: Ablieferung.
Eisenbahnfährdienst Nyborg–Korsör.
1986 3. November: Erste Reise auf der neuen Route Kopenhagen–Helsingborg als Frachtfähre; nach Indienststellung der ***Trekroner*** ab 22. Dezember wieder auf der alten Route.
1989 9. Februar: Vor Nyborg mit der Fähre ***Superflex Charly*** kollidiert, auf der es zwei Tote gibt.

MS *Prins Joachim*

Danske Statsbaner, Korsör

Bauwerft: Nakskov Skibsvaerft; Baunr. 223
10 607 BRT / 4 490 tdw / 152,0 m Länge ü.a. / 22,8 m Breite / Sechs 16-Zyl.-Diesel mit Getriebe; B&W-Alpha / 17 200 kW (23 000 PSe) / 2 Schrauben / 19 kn / 2 000 Deckspassagiere / 490 m Gleis

1980 25. Januar: Stapellauf.
2. Juli: Ablieferung.
Eisenbahnfährdienst Nyborg–Korsör.

MS *Kronprins Frederik*

Danske Statsbaner, Korsör

Bauwerft: Nakskov Skibsvaerft; Baunr. 224
10 606 BRT / 4 277 tdw / 148,1 m Länge ü.a. / 22,8 m Breite / Sechs 16-Zyl.-Diesel mit Getriebe; B&W-Alpha / 17 200 kW (23 000 PSe) / 2 Schrauben / 19 kn / 2 000 Deckspassagiere / 490 m Gleis

1980 2. Juli: Stapellauf.
1981 2. April: Ablieferung.
Eisenbahnfährdienst Nyborg–Korsör.

Die *Kronprins Frederik* mit umgebautem Schornstein. (Foto: Frank Heine)

Prins Joachim. (Foto: Frank Heine)

Dronning Ingrid erhielt wie ihre Schwesterschiffe verglaste Brückennocks. (Foto: Frank Heine)

MS *Stena Felicity*

Sealink Stena Line (Charter)

ex ***Felicity*** – 1990
Sealink British Ferries (Gotland), Visby

Erbaut als ***Visby***
Rederi A/B Gotland, Visby

Bauwerft: Öresundsvarvet, Landskrona; Baunr. 278
14 932 BRT / 2 840 tdw / 142,3 m Länge ü.a. / 24,0 m Breite / Zwei 8-Zyl.-Diesel mit Getriebe; B&W-Götaverken / 21 780 kW (29 200 PSe) / 2 Schrauben / 21 kn / 1 142 Passagiere + 858 an Deck / 515 PKW

1980 25. Januar: Aufschwimmen.
10. Oktober: Ablieferung.
Visby–Nynäsham-Dienst.
1984 15 001 BRT.
1989 31. Dezember: Letzte Reise Nynäshamn–Visby.
1990 Für fünf Jahre an Sealink British Ferries verchartert.
Umbenannt ***Felicity***.
5. März: Einstellung in den Fishguard–Rosslare-Dienst.
15. Mai: An Sealink Stena Line verchartert.
November: Umbenannt ***Stena Felicity***

Die *Visby* heißt inzwischen *Stena Felicity*. (Foto: Frank Heine)

MS *Peter Wessel*

Larvik-Line A/S, Larvik

Erbaut als ***Wasa Star***
Rederiaktiebolaget Gotland, Visby

Bauwerft: Öresundsvarvet A/B, Landskrona; Baunr. 279
14 919 BRT / 2 410 tdw / 142,3 m Länge ü.a. / 24,0 m Breite / Vier 8-Zyl.-Diesel mit Getriebe; B&W-Götaverken / 21 470 kW (28 790 PSe) / 2 Schrauben / 21 kn / 1 100 Passagiere + 850 an Deck / 515 PKW

1980 5. Dezember: Aufschwimmen.
1981 24. Juni: Ablieferung.
Wegen ihrer Größe können die ***Wasa Star*** und ihr Schwesterschiff ***Visby*** im Zielhafen Visby nur schwer manövrieren. An die finnische Gesellschaft Vaasanlaivat verchartert. Einsatz im Fährdienst Waasa–Sundsvall. Nach Ende der Saison bis zum Abschluß des vorgesehenen Hafenausbaus in Visby wird das Schiff in Sundsvall aufgelegt.
1983 Von Karageorgis für den Patras–Ancona-Dienst gechartert.
September: Mit Lieferung 1984 an die Larvik-Frederikshavnferjen verkauft.
5. Oktober: Nach Differenzen über die Charterzahlungen läuft die ***Wasa Star*** von Ancona nach Schweden zurück.
1984 An die Larvik–Frederikshavnferjen in Larvik übergeben und in ***Peter Wessel*** umbenannt. Larvik–Frederikshavn-Dienst.
1988 1. September: Ankunft bei Blohm + Voss in Hamburg, wo das Schiff um 22,5 m verlängert wird. 29 706 BRZ. Länge ü.a. 168,50 m, 1 816 Passagiere + 448 an Deck, Besatzung: 120, 600 PKW.
27. Oktober: Rücklieferung an Larvik-Line A/S.
1990 Für Vard A/S, Larvik, registriert.

Peter Wessel nach der Verlängerung. (Foto: Dirk Jankowsky)

MS *Braemar*

Fred Olsen & Co, Kristiansand

Erbaut als ***Viking Song***
Rederi A/B Sally, Mariehamn

Bauwerft: OY Wärtsilä, Turku; Baunr. 1248
13 878 BRT / 2 830 tdw / 145,2 m Länge ü.a. / 25,2 m Breite / Vier 12-Zyl.-Diesel mit Getriebe; Pielstick-Wärtsilä / 19 400 kW (26 000 PSe) / 2 Schrauben / 21,3 kn / 1 104 Passagiere + 896 an Deck / 540 PKW, 60 LKW

1980 15. Februar: Stapellauf.
29. August: Ablieferung.
Stockholm–Mariehamn–Helsinki-Dienst.
1985 Februar: An Partrederi Braemar (Fred Olsen & Co) verkauft.
15. Mai: Zum Umbau nach Blohm + Voss in Hamburg.
4. Juni: Rücklieferung als ***Braemar*** an Olsen.
Kristiansand–Hirtshals–Harwich-Dienst.
1986 14 623 BRT. 1 206 Passagiere + 794 an Deck.
1990 An die Baltic Shipping Co, Talinn, verkauft, um als ***Baltica*** im Dienst Stockholm–Leningrad die ***Iliych*** zu ersetzen.
1991 4. Januar: Zur Übergabe nach Hamburg, wegen finanzieller Schwierigkeiten der Sowjets kommt der Transfer nicht zustande.

MS *Silja Star*

Vaasanlaivat OY, Mariehamn
ex ***Viking Sally*** – 1990
OY Sally Line AB, Mariehamn

Bauwerft: Jos. L. Meyer, Papenburg; Baunr. 590
15 566 BRT / 2 800 tdw / 155,4 m Länge ü.a. / 24,2 m Breite / Vier 8-Zyl.-Diesel mit Getriebe; MAN / 17 900 kW (24 000 PSe) / 2 Schrauben / 21,2 kn / 828 Passagiere + 358 an Deck / Besatzung: 110 / 460 PKW

1980 26. April: Stapellauf für Rederi A/B Sally, Mariehamn.
29. Juni: Ablieferung.
Turku–Mariehamn–Stockholm-Dienst.
1990 An OY Vaasanlaivat, Mariehamn, umbenannt ***Silja Star***. 1 190 Passagiere + 810 an Deck.

MS *Queen of Scandinavia*

DFDS A/S, Kopenhagen

Erbaut als ***Finlandia***
Finland Steamship Co. Ltd (EFFOA), Helsinki

Bauwerft: OY Wärtsilä, Turku; Baunr. 1251
25 678 BRT / 3 898 tdw / 166,1 m Länge ü.a. / 28,4 m Breite / Vier 12-Zyl.-Diesel mit Getriebe; Pielstick- Wärtsilä / 22 950 kW (31 200 PSe) / 2 Schrauben / 22 kn / 1 601 Passagiere + 399 an Deck / Besatzung: 164 / 480 PKW

1980 25. Juli: Stapellauf. Für die Finland Steamship Co. Ltd (EFFOA), Helsinki; ursprünglich als ***Skandia*** geplant.
1981 30. März: Als ***Finlandia*** abgeliefert. Helsinki–Stockholm-Dienst im Rahmen der Silja Line.
1984 25 905 BRT. 1 594 Passagiere + 416 an Deck.
1987 An DFDS A/S, Kopenhagen, verkauft mit Lieferung 1990.
1990 Als ***Queen of Scandinavia*** von DFDS übernommen. 25 940 BRT.
1. Juni: Erste Reise im Kopenhagen–Helsingborg–Oslo-Dienst.

Silja Star mit der neuen Silja-Schornsteinmarke. (Foto: K. Brzoza)

Größtes Fährschiff im Oslo-Dienst ist die *Queen of Scandinavia*. (Foto: Peter Voß)

MS *Stena Britannia*

Sealink Stena Line

ex ***Silvia Regina*** – 1991
Johnson Shipmanagement A/B, Stockholm

Bauwerft: OY Wärtsilä, Turku; Baunr. 1252
25 905 BRT / 3 898 tdw / 166,1 m Länge ü.a. / 28,4 m Breite / Vier 12-Zyl.-Diesel mit Getriebe; Pielstick- Wärtsilä / 22 950 kW (31 200 PSe) / 2 Schrauben / 22 kn / 1 621 Passagiere + 379 an Deck / Besatzung: 164 / 480 PKW

1980 21. Oktober: Stapellauf für die OY Svea Line (Finnland) A/B, Helsinki, eine Tochtergesellschaft der Stockholmer Reederei Svea. Ursprüngliche Namensplanung war ***Silja Star***. Nach Übernahme der Svea durch die schwedische Johnson Line 1981 wurde das Schiff von der Finnish Corporate Finance Ltd, Helsinki erworben.
1981 10. Juni: Ablieferung als ***Silvia Regina***. Von der Finska Ångfartygs im Silja Linie-Dienst Helsinki–Stockholm eingesetzt.
1987 7. Januar: Jetzt Heimathafen Stockholm.
1988 An Stena Line, Stockholm, verkauft, jedoch bis Frühjahr 1990 zurückgechartert, bis die beiden Silja- Neubauten 1991 in Dienst gestellt sind. Für Johnson Shipmanagement A/B, Stockholm, registriert.
1990 26 671 BRT, 1 544 Passagiere + 416 an Deck.
1991 An Sealink Stena Line, umbenannt ***Stena Britannia***.
Juni: Einsatz im Fährdienst Harwich–Hoek van Holland.

MS *Prinsesse Ragnhild*

Color Line A/S, Sandefjord

Bauwerft: Howaldtswerke-Deutsche Werft AG, Kiel; Baunr. 164
16 331 BRT / 3 210 tdw / 170,0 m Länge ü.a. / 24,0 m Breite / Zwei 20-Zyl.-Diesel mit Getriebe; Stork-Werkspoor / 17 660 kW (23 700 PSe) / 2 Schrauben / 21,8 kn / 742 Passagiere + 154 an Deck / Besatzung: 112 / 603 PKW

1980 1. August: Aufschwimmen.
1981 31. Januar: Taufe und Ablieferung an Anders Jahre, Oslo.
Oslo–Kiel-Dienst.
1983 Heimathafen Sandefjord.
1990 Für K/S Jahre Line Invest A/S registriert.
Oktober: Die zum Kosmos Konzern gehörenden Reedereien Jahre Line und Norway Line firmieren unter dem neuen Namen Color Line A/S.
1991 Für den Spätherbst ist die Verlängerung des Schiffes bei der Werft Astilleros Espanoles (AESA) in Cadiz geplant.
1990 Für K/S Jahre Line Invest A/S, Sandefjord, registriert. 17 375 BRT.

MS *Stena Danica*

Stena Line A/B, Göteborg

Bauwerft: Chantiers de France, Dünkirchen; Baunr. 309
16 494 BRT / 3 100 tdw / 152,2 m Länge ü.a. / 28,0 m Breite / Vier 12-Zyl.-Diesel mit Getriebe; CCM-Sulzer / 26 000 kW (34 800 PSe) / 2 Schrauben / 22 kn / 86 Passagiere + 2 214 an Deck / Besatzung: 140

1980 30. August: Stapellauf.
Wegen erheblicher technischer Probleme mit den Getriebeanlagen verzögert sich die Ablieferung um mehr als sechs Monate.
1983 27. Februar: In Göteborg getauft. Danach in den Fährdienst Göteborg–Frederikshavn eingestellt.
1985 15 899 BRT.
1990 Für Stena Danicas Interessenter K/B registriert.

Silvia Regina im Juli 1990. (Foto: K. Brzoza)

Prinsesse Ragnhild im Oktober 1990 mit ihrem seitlich ausgebauten oberen Deck. (Foto: Peter Voß)

Stena Danica in Frederikshavn. (Foto: Steffen Weirauch)

MS *Stena Jutlandica*

Stena Line A/B, Göteborg

Bauwerft: Chantiers de France, Dünkirchen; Baunr. 310
15 811 BRT / 3 100 tdw / 152,2 m Länge ü.a. / 28,0 m Breite / Vier 12-Zyl.-Diesel mit Getriebe; CCM-Sulzer / 26 000 kW (34 800 PSe) / 2 Schrauben / 22 kn / 96 Passagiere + 2 204 an Deck / Besatzung: 140 / 600 PKW

1980 22. Dezember: Stapellauf. Wie beim Schwesterschiff ***Stena Danica*** verursachen technische Schwierigkeiten eine mehrmonatige Verzögerung der Ablieferung.
1983 24. April: In Göteborg getauft. Einsatz im Göteborg Frederikshavn-Dienst.
1990 86 Passagiere + 2 214 an Deck. Für Wallenius Safe Jasminia AB, Göteborg, registriert.

MS *Esterel*

Société Nationale Maritime Corse Méditerranée (SNCM), Marseille

Bauwerft: Dubigeon-Normandie SA, Nantes; Baunr. 162
12 676 BRT / 2 200 tdw / 145,0 m Länge ü.a. / 23,8 m Breite / Vier 16-Zyl.-Diesel mit Getriebe; Pielstick-Alsthom-Atlantique / 20 550 kW (27 550 PSe) / 2 Schrauben / 23,5 kn / 810 Passagiere in zwei Klassen + 1 516 an Deck / Besatzung: 123 / 700 PKW

1980 26. September: Stapellauf ohne Namensgebung.
1981 15. Mai: Taufe und Ablieferung. Marseille–Korsika-Dienst.
1984 572 Passagiere + 1 754 an Deck.

MS *Stena Saga*

Stena Line AB, Göteborg

Erbaut als ***Kronprinsessan Victoria***
R/A Göteborg-Frederikshavn Linjen, Göteborg

Bauwerft: Götaverken Arendal A/B, Göteborg; Baunr. 908
14 378 BRT / 3 315 tdw / 149,1 m Länge ü.a. / 26,0 m Breite / Vier 12-Zyl.-Diesel mit Getriebe; Wärtsilä / 15 370 kW (20 600 PSe) / 2 Schrauben / 21 kn / 1 734 Passagiere / 550 PKW

1980 15. Oktober: Stapellauf für die Sessan Linjen, Göteborg.
1981 1. März: Probefahrt. Die Stena Line, Göteborg, übernimmt 48 % Anteile an Sessan.
10. April: Ablieferung an die von Sessan–Stena gegründete Göteborg–Frederikshavn-Linjen.
13. April: Jungfernreise Göteborg–Frederikshavn. Auf dieser Route für 616 Passagiere + 1 484 an Deck und für 600 PKW eingerichtet.
1982 Erste Reise im Dienst Göteborg–Kiel, für den das Schiff in Göteborg umgebaut worden war. 1 734 Passagiere + 702 an Deck. 500 PKW.
1988 April: Umbau- und Überholungsarbeiten bei HDW in Kiel.
Umbenannt ***Stena Saga***. Oslo–Frederikshavn-Dienst.
Weiter für R/A Göteborg-Frederikshavn Linjen, Göteborg registriert.
1990 17 423 BRT.

Die *Stena Saga* ex *Kronprinsessanm Victoria*. (Foto: Frank Heine)

Die *Stena Jutlandica* im Hafenkanal von Göteborg. (Foto: Klaus-Peter Kiedel)

Die *St. Nicholas* vor Harwich. (Foto: Klaus-Peter Kiedel)

SNCM-Fähre *Esterel*. (Foto: Hans Jürgen Amberg)

MS ***Stena Normandy***

Sealink Stena Line, Nassau
ex ***St. Nicholas*** – 1991

Erbaut als ***Prinsessan Birgitta***
Sessan Linjen, Göteborg

Bauwerft: Götaverken Arendal AB, Göteborg; Baunr. 909

14 368 BRT / 3 315 tdw / 149,0 m Länge ü.a. / 26,0 m Breite / Vier 12-Zyl.-Diesel mit Getriebe; Wärtsilä / 15 150 kW (20 600 PSe) / 2 Schrauben / 21 kn / 1 734 Passagiere + 400 an Deck / 500 PKW

1981 22. Mai: Stapellauf für die Sessan Linjen, Göteborg.
Für den Göteborg–Frederikshavn-Dienst bestimmt.
1981 März: Die Stena Line, Göteborg, erwirbt eine 48 %-Beteiligung an Sessan.
1982 Januar: Fertigstellung des Schiffes. Der vorgesehene Name ***Drottning Silvia*** wird vom schwedischen Königshaus nicht genehmigt. Da die Bezahlung des Neubaus durch die ursprüngliche Bestellerin Sessan nicht gesichert ist, legt die Werft das Schiff auf.
Mai: Die Stena Line kauft das Schiff und läßt es für die Stena Sessan Line registrieren.
3. Juni: Noch ohne Namen tritt der Neubau unter der Bezeichnung „Baunummer 909" die Jungfernreise von Göteborg nach Frederikshavn an.

7. Juni: Taufe auf den Namen ***Prinsessan Birgitta***.
1983 27. Februar: Ankunft bei den Götaverken zum Umbau der bisher als Tagesfähre mit Einrichtungen für 616 Passagiere + 1484 an Deck und 600 PKW ausgerüsteten Fähre für den Göteborg–Kiel-Dienst. 500 I. Klasse, 1600 II. Klasse.
Juni: Beginn einer Drei-Jahres-Charter für die Sealink UK Ltd.
Zwischen Harwich und Hoek van Holland eingesetzt. Für die Dauer der Charter in ***St. Nicholas*** umbenannt und für die Hill Samuel Trading (No 26) Ltd in London registriert.
1987 Auf Elstree Plattforms & A. Meir, London, übertragen.
1989 Januar: An Sealink UK Ltd und für Paxro Ltd, Nassau, registriert.
17043 BRT.
An die Rederiaktiebolaget Gotland, Nassau, verkauft.
1990 Übernahme durch Sealink Stena Line.
1991 Umbenannt ***Stena Normandy***.
28. Juni: Einsatz im Fährdienst Southampton–Cherbourg.

MS *Tropicale*

Carnival Cruise Lines Inc, Monrovia

Bauwerft: Aalborg Vaerft A/S; Baunr. 234
22919 BRT / 6654 tdw / 204,8 m Länge ü.a. / 26,3 m Breite / Zwei 7-Zyl.-Diesel mit Getriebe; Sulzer / 19566 kW (26600 PSe) / 2 Schrauben / 21 kn / 1422 Passagiere / Besatzung: 491

1980 31. Oktober: Stapellauf.
4. Dezember: Ablieferung. Für AVL Maritime Inc, Monrovia registriert.
1981 Januar: Kreuzfahrten für die Carnival Cruise Lines auf dem US-Markt.
1990 Für Tropicale Cruises Inc, Monrovia, registriert. 1796 Passagiere.

MS *Nord Gotlandia*

Nordström & Thulin A/B, Visby

Erbaut als ***Olau Hollandia***
Olau Line (UK) Ltd & Co, Hamburg

Bauwerft: AG Weser, Werk Seebeck, Bremerhaven; Baunr. 1028
15200 BRT / 2875 tdw / 153,4 m Länge ü.a. / 24,2 m Breite / Vier 8-Zyl.-Diesel mit Getriebe; Pielstick-Blohm+Voss / 15520 kW (20800 PSe) / 2 Schrauben / 21,0 kn / 938 Passagiere + 662 an Deck / Besatzung: 157 / 550 PKW

1980 22. November: Stapellauf.
1981 21. März: Ablieferung.
25. März: Jungfernreise im Fährdienst Vlissingen–Sheerness.
1984 14981 BRT.
1985 930 Passagiere + 670 an Deck.
1988 Mai: Das bei der Kontrahierung eines Neubaus gleichen Namens von der Bauwerft in Zahlung genommene Schiff wird an Nordström & Thulin, Visby, verkauft.
6. Oktober: Umbaubeginn bei der Schichau Seebeckwerft AG in Bremerhaven.
14. Dezember: Rücklieferung des in ***Nord Gotlandia*** umbenannten Schiffes. 2048 Passagiere.
1989 Januar: Erste Reise zwischen Gotland und dem schwedischen Festland.

Carnival Cruise Liner *Tropicale*. (Foto: Gerhard Fiebiger)

Als *Nord Gotlandia* wechselte die ehemalige *Olau Hollandia* vom Kanal in die Ostsee. (Foto: Peter Voß)

Seit der Jahreswende 1990/91 läuft die *Bayard* für die Color Line und heißt jetzt *Christian IV.* (Foto: Frank Heine)

MS *Christian IV*

Color Line A/S, Oslo
ex ***Bayard*** – 1991;

Erbaut als ***Olau Britannia***
Olau Line (UK) Ltd & Co, Hamburg

Bauwerft: AG Weser, Werk Seebeck, Bremerhaven; Baunr. 1031
14 985 BRT / 2 880 tdw / 153,4 m Länge ü.a. / 24,2 m Breite / Vier 8-Zyl.-Diesel mit Getriebe; Pielstick- Blohm+Voss / 15 520 kW (20 800 PSe) / 2 Schrauben / 21 kn / 846 Passagiere + 662 an Deck / Besatzung: 157 / 550 PKW

1981 5. Dezember: Stapellauf.
1982 5. Mai: Ablieferung. Das Schiff sollte ursprünglich in den Ostseediensten der Travemünde–Trelleborg-Linie, Hamburg, eingesetzt werden, wurde dann aber von der TT Linie, der Muttergesellschaft der Olau Line Ltd, für den Kanaldienst bestimmt.
7. Mai: Offizielle Taufe durch Prinzessin Margaret in Sheerness.
Vlissingen–Sheerness-Dienst.
1984 14 983 BRT, 754 Passagiere.
1988 August: Das bei der Kontrahierung eines Neubaus gleichen Namens von der Bauwerft in Zahlung genommene Schiff wird an Nordström & Thulin, Stockholm, verkauft.
1989 An Fred Olsen & Co, Oslo, mit Übergabe Frühjahr 1990.
1990 22. Mai: Ankunft in Hamburg, wo das Schiff bei der Werft Blohm + Voss modernisiert wird. Umbenannt ***Bayard***. Heimathafen Hirtshals. 15 064 BRT.
21. Juni: Aufnahme des Fährdienstes Kristiansand–Hirtshals.
Nach einem Streik an Bord nach Norwegen umgeflaggt.
1990 15. Dezember: Übernahme des Schiffes durch die Color Line, Oslo.
1991 Januar: In ***Christian IV*** umbenannt.

MS *Arkona*

Deutsche Seereederei GmbH, Rostock

Erbaut als ***Astor***
Hadag Cruise Line GmbH & Co, Hamburg

Bauwerft: Howaldtswerke-Deutsche Werft AG, Hamburg; Baunr. 165
18 835 BRT / 2 500 tdw / 164,3 m Länge ü.a. / 22,6 m Breite / Vier 6-Zyl.-Diesel mit Getriebe; MAN / 9 700 kW (13 200 PSe) / 2 Schrauben / 18 kn / 638 Passagiere / Besatzung: 220

1980 16. Dezember: Stapellauf. Als Name des Schiffes war ursprünglich ***Hammonia*** vorgesehen.

1981 21. Mai: Ein verhältnismäßig harmloser Brand verursacht so viele Rauch- und Wasserschäden, daß die für den 22. August vorgesehene Jungfernkreuzfahrt gestrichen werden muß.
24. November: Erste Probefahrt.
4. Dezember: Ablieferung.
14. Dezember: Gästekreuzfahrt Hamburg–Le Havre–Malaga–Genua.
23. Dezember: Antritt der Jungfernkreuzfahrt Genua–Nordafrika–Teneriffa. Im Winter in amerikanischen Gewässern eingesetzt.

1983 14. Oktober: Nach knapp zweijährigem Betrieb hat die ***Astor*** Verluste in Millionenhöhe eingefahren. Die der Stadt Hamburg gehörende Hadag Cruise Line muß deshalb ihr Schiff mit Lieferung 1984 an die South African Marine Corp Ltd in Kapstadt verkaufen.

1984 7. Februar: In Hamburg an die Safmarine übergeben. Umbau bei HDW in Hamburg, jetzt 530 Passagiere.
1. April: Erste Reise nach dem Umbau von Hamburg nach Southampton.
1. Juli: Die ***Astor*** wird unter Bahama-Flagge in Nassau registriert, da sie unter Südafrika-Flagge keine norwegischen Häfen anlaufen dürfte. Für Kreuzfahrten und im Winter für den Liniendienst Southampton–Kapstadt eingesetzt. Schon nach einem Jahr stellt sich heraus, daß die Maschinenanlage der als Cruise Liner konzipierten ***Astor*** den Anforderungen des Liniendienstes nicht gewachsen ist. In einem ominösen Dreiecksgeschäft wird die ***Astor*** an die DDR verkauft.

1985 29. August: In Hamburg an die Deutsche West-Afrika Linie, Hamburg, und unmittelbar danach von dieser an den VEB Deutfracht/Seereederei, Rostock, übergeben. Hintergrund dieser Transaktion sind zwei Vorteile für die DDR, die einmal das Schiff im innerdeutschen Handel über Kredit erwirbt und zum anderen kein Geschäft mit Südafrika zu machen braucht, was ihr aus Gründen der sozialistischen Moral peinlich wäre. Die laut Presseberichten vereinbarte Gegenleistung der DDR, das Schiff nicht auf dem westdeutschen Kreuzfahrtmarkt einzusetzen, wird schon 1986 nicht eingehalten.
29. September: Nach einem Umbau bei HDW in Hamburg verläßt das inzwischen in ***Arkona*** umbenannte Schiff Hamburg mit Kurs auf Rostock. Als Ersatz für die außer Dienst gestellte ***Völkerfreundschaft*** macht die ***Arkona*** Kreuzfahrten für den FDGB und Reisen nach Kuba. In der Sommersaison Kreuzfahrten mit westlichen Touristen.
540 Passagiere, 250 Mann Besatzung.

1990 18 834 BRT.
Reedereibezeichnung jetzt Deutsche Seereederei GmbH, Rostock.

Die *Arkona* muß sich jetzt in der freien Marktwirtschaft bewähren. (Foto: Peter Voß)

MS *Fedor Dostoevskiy*

Black Sea Shipping Co, Odessa

Erbaut als ***Astor***
Marlan Corporation Ltd, Port Louis

Bauwerft: Howaldtswerke-Deutsche Werft AG, Kiel; Baunr. 218
20 159 BRT / 3 780 tdw / 176,3 m Länge ü.a. / 22,6 m Breite / Zwei 8-Zyl. + zwei 6-Zyl.-Diesel mit Getriebe; Sulzer-Wärtsilä / 15 400 kW (21 000 PSe) / 2 Schrauben / 18 kn / 650 Passagiere / Besatzung: 250

1985 Die South Africa Marine Corporation in Kapstadt (Safmarine) bestellt das Schiff für ihren Durban–Southampton-Dienst, weil die Maschinenanlage der erst 1984 in Dienst gestellten ersten ***Astor*** den Anforderungen des Liniendienstes nicht gewachsen ist. Im Laufe der weiteren Baugeschichte werden diese Liniendienst-Pläne aufgegeben.
1986 Die Safmarine verkauft den Neubau an die Marlan Corporation in Panama. Die Vermarktung des neuen Cruise Liners liegt bei der Morgan Leisure in Colchester, die sich für den deutschen Markt auf ihre Tochtergesellschaft Globus Kreuzfahrten GmbH, Hamburg stützt. Morgan und Globus sind ihrerseits finanziell mit Safmarine verbunden. Als Bareboat-Charterer wird die Irland Blyth, hinter der ein Handelshaus in Hongkong steht, gewonnen, unter derem Namen das Schiff nach Ablieferung in Port Louis, Mauritius registriert werden soll.
30. Mai: Aufschwimmen im Trockendock.
26. Juni: Taufe auf den Namen ***Astor***.
1987 14. Januar: Ablieferung.
31. Januar: Jungfern-Kreuzfahrt von Hamburg über Genua nach Südamerika und der Karibik.
1988 3. Oktober: Die Black Sea Shipping Co, Odessa, übernimmt das Schiff als ***Fedor Dostoevskiy***. In Lloyd's Register als ***Fyodor Dostoyevskiy*** transliteriert. 20 606 BRZ.
23. Dezember 1988: Erste Kreuzfahrt ab Genua.

Kreuzfahrer in rauher See: *Fedor Dostoevskiy* in der Wesermündung. (Foto: Klaus-Peter Kiedel)

MS *Europa*

Hapag-Lloyd AG, Bremen

Bauwerft: Bremer Vulkan, Vegesack; Baunr. 1001
33 819 BRT / 6 506 tdw / 199,6 m Länge ü.a. / 28,5 m Breite / Zwei 7-Zyl.-Diesel; MAN-Bremer Vulkan / 21 270 kW (28 920 PSe) / 2 Schrauben / 21 kn / 758 Passagiere / Besatzung: 300

1980 22. Dezember: Stapellauf.
1981 25. September: Erste Probefahrt.
5. Dezember: Ablieferung. Für die Bremer Schiffsvercharterungs AG & Co KG registriert.
28. Dezember: Ohne Passagiere von Bremerhaven nach Genua überführt.
1982 8. Januar: Jungfernkreuzfahrt von Genua nach Afrika. In der weltweiten Kreuzfahrt eingesetzt.
1988 37 012 BRT.

Nach wie vor Flaggschiff der deutschen Passagierschiffsflotte: die *Europa*. (Foto: Peter Voß)

MS ***Starship Atlantic***

Premier Cruise Line Ltd, Monrovia

Erbaut als ***Atlantic***
Home Lines Inc, Monrovia

Bauwerft: Constr Nav et Ind de la Mediterranée, La Seyne; Baunr. 1432
19 337 BRT / 7 000 tdw / 204,8 m Länge ü.a. / 27,4 m Breite / Zwei 10-Zyl.-Diesel; GMT-Fiat / 22 070 kW (33 000 PSe) / 2 Schrauben / 23 kn / 1 179 Passagiere / Besatzung: 447

1981 9. Januar: Stapellauf.
1982 2. April: Ablieferung.
14. April: Erste Ankunft in New York.
17. April: Jungfernkreuzfahrt New York–Bermudas.
Kreuzfahrten hauptsächlich in US-Gewässern.
1984 1 292 Passagiere.
1988 April: An Holland America Line, Seattle, verkauft.
An Premier Cruise Line Ltd, Miami.
7. November: Ankunft in Bremerhaven, wo das Schiff bei der Lloyd-Werft umgebaut wird. 1 652 Passagiere.
22. Dezember: Rücklieferung. Umbenannt ***Starship Atlantic***.
1990 Für Merchant Ship Trustees Ltd as Trustees, Monrovia, registriert.

Fährschiff *White Sampo 2.* (Foto: Y. Ikeda)

MS ***White Sanpo 2***

Sanpo Kaiun KK, Imabari

Bauwerft: Hayashikane Sb & Eng. Co, Shimonoseki; Baunr. 1240
10 181 BRT / 3 725 tdw / 155,6 m Länge ü.a. / 23,6 m Breite / Zwei 18-Zyl.-Diesel mit Getriebe; Pielstick-Nippon Kokan / 17 460 kW (23 400 PSe) / 2 Schrauben / 21 kn / 1 050 Passagiere / 126 PKW

1981 Februar: Stapellauf.
Juni: Indienststellung als Passagier- und Autofährschiff.

Das Wort *Starship* fehlt der *Atlantic* auf diesem Foto vom November 1988 noch. (Foto: Peter Voß)

MS *Trelleborg*

Statens Järnvägar Färjedriften, Trelleborg

Bauwerft: Öresundsvarvet A/B, Landskrona; Baunr. 271
10882 BRT / 3800 tdw / 170,2 m Länge ü.a. / 23,8 m Breite / Vier 8-Zyl.-Diesel mit Getriebe; MAN / 17650 kW (24000 PSe) / 2 Schrauben / 17,5 kn / 47 Passagiere + 753 an Deck / Besatzung: 138 / 15 PKW, 20 LKW / 700 m Gleis

1981 19. Mai: Aufschwimmen im Baudock.
1981 Dezember: Probefahrt. Dabei stellen sich Stabilitätsprobleme und eine nicht ausreichende Tragfähigkeit heraus. Da die Öresundsvarvet wegen ihrer bevorstehenden Schließung keine Kapazität mehr frei hat, werden die erforderlichen Änderungen von der Cityvarvet der Götaverken durchgeführt. Durch den Anbau von 95 m langen Seitenwulsten werden die Anforderungen erfüllt.
1982 28. Mai: Ablieferung.
Eisenbahnfährdienst zwischen Trelleborg und Sassnitz.

Die *Trelleborg* mit dem Schriftzug TS-Line. (Foto: Hans-Joachim Reinecke)

MS *Stena Germanica*

Stena Line A/B, Göteborg

Vom Stapel als ***Stena Scandinavica***

Bauwerft: Stocznia im Komuny Paryskiey, Gdynia; Baunr. B 494/01
24967 BRT / 4500 tdw / 175,4 m Länge ü.a. / 28,5 m Breite / Vier 16-Zyl.-Diesel mit Getriebe; Zgoda-Sulzer / 29422 kW (40000 PSe) / 2 Schrauben / 20, max 21,5 kn / 2204 Passagiere + 196 an Deck / Besatzung: 145 / 700 PKW

1981 22. August: Stapellauf. Wegen der politischen und wirtschaftlichen Krise in Polen ist eine Fertigstellung zum Ablieferungstermin Anfang 1983 nicht möglich.
1983 Juni: Die Stena Line übernimmt die unfertige Fähre.
Dadurch wird der Weiterbau sichergestellt, der durch die abwartende Haltung von Zulieferfirmen in Frage gestellt war.
1985 Die Stena Line holt Angebote von europäischen Werften zur Fertigstellung der ***Stena Scandinavica*** und ihrer Schwesterschiffe ein, die aber wegen des unübersichtlichen Bauzustandes zurückhaltend beantwortet werden.
22. Juli: Ein Team schwedischer Ingenieure übernimmt die Leitung der Arbeiten. Die Ablieferung ist jetzt für den 1. Oktober 1986 vorgesehen.
1986 29. November: Auslaufen zur ersten Probefahrt.
Vorher war das Schiff in ***Stena Germanica*** umbenannt worden, weil man die auf der gleichen Route verkehrende ***Stena Scandinavica*** ex ***Prinsessan Birgitta*** (8753 BRT / 1974) vor ihrer Ablösung durch dieses neue Schiff nicht mehr umbenennen wollte.
1987 7. April: Erste Reise im Fährdienst Göteborg–Kiel.
1988 Februar: Modifizierung des Unterwasserschiffes und Umbauarbeiten im Passagierbereich auf der Göteborger Cityvarvet. 26071 BRT.
April: Rücklieferung.

Stena Germanica mit dem Stena-„Aufkleber" Levande Kattegat an der Bordwand. (Foto: Peter Voß)

MS *Stena Scandinavica*

Stena Line A/B, Göteborg

vom Stapel als ***Stena Germanica***

Bauwerft: Stocznia Gdanska IM Lenina, Danzig; Baunr. B494/02
26 088 BRZ / 4 500 tdw / 175,4 m Länge ü.a. / 28,5 m Breite / Vier 16-Zyl.-Diesel mit Getriebe; Zgoda-Sulzer / 29 422 kW (40 000 PSe) / 2 Schrauben / 20 kn / 2 204 Passagiere + 196 an Deck / Besatzung: 145 / 700 PKW

1983 16. April: Stapellauf. Der im Mai 1979 mit drei Schwesterschiffen bestellte Neubau ist schon beim Stapellauf weit hinter dem Terminplan zurück.
Die wirtschaftlichen und politischen Schwierigkeiten in Polen führen zu weiteren Verzögerungen.
1983 Juni: Die Stena Line übernimmt das unfertige Schiff, um den Weiterbau sicherzustellen, der durch die abwartende Haltung von Zulieferfirmen in Frage gestellt war.
1985 Die Stena Line fordert europäische Werften zu Angeboten für die Fertigstellung auf, erhält jedoch wegen der unabwägbaren Risiken für die Werften keine Angebote.
22. Juli: Die Arbeiten auf der Werft werden unter schwedische Oberaufsicht gestellt. Vorgesehener Liefertermin ist jetzt der April 1987.
1986 August: Der Fertigstellungstermin wird erneut, jetzt auf Ende 1987, verschoben.
1987 1. November: Ankunft in Göteborg, wo auf der Cityvarvet Rest- und Modifizierungsarbeiten vorgenommen werden.
1988 Februar: Taufe auf den Namen ***Stena Scandinavica***.
9. Februar: Erste Reise im Fährdienst Göteborg–Kiel.

MS *Kydon II*

Anonymos Naftiliaki Eteria Kritis AE (ANEK), Chania

ex ***Bonanza*** – 1990

Bauwerft: Stocznia im Komuny Paryskiej, Gdynia; Baunr. 494/03
26 000 BRZ / 4 500 tdw / 175,4 m Länge ü.a. / 28,5 m Breite / Vier 16-Zyl.-Diesel mit Getriebe; Sulzer-Zgoda / 29 422 kW (40 000 PSe) / 2 Schrauben / 20 kn / 2 400 Passagiere / 700 PKW

1984 28. Oktober: Stapellauf.
Die Arbeiten an dem bereits 1979 von der Stena Line A/B, Göteborg, bestellten Schiff waren im Sommer 1984 eingestellt worden, der Stapellauf dient der Räumung des Helgens.
1988: Das unfertige Schiff wird von Fred. Olsen gekauft und in ***Bonanza*** umbenannt, bleibt aber nach wie vor bei der Bauwerft liegen.
1989 An die Anonymos Naftiliaki Eteria Kritis AE (ANEK), Chania, verkauft.
16. Februar: Ankunft im Schlepp von ***Maersk Launcher*** in Perama, wo das Schiff fertiggestellt wird.
1990 Juni: Umbenannt ***Kydon II***.
Geplant ist der Einsatz auf der Route Piräus-Heraklion.

Viking Serenade
siehe Farbteil Seite 109

MS *Song of America*

Royal Caribbean Cruise Line A/S, Oslo

Bauwerft: OY Wärtsilä, Helsinki; Baunr. 431
37 584 BRZ / 3 700 tdw / 214,5 m Länge ü.a. / 28,4 m Breite / Vier 8-Zyl.-Diesel mit Getriebe; Sulzer-Wärtsilä / 16 480 kW (22 400 PSe) / 2 Schrauben / 21 kn / 1414 max 1 575 Passagiere / Besatzung: 500

1981 26. November: Aufschwimmen im Baudock.
1982 9.November: Ablieferung.
5. Dezember: Jungfernkreuzfahrt Miami–Westindien.
1990 Für Song of America Ltd, Oslo, registriert.

Stena Scandinavica im Juni 1989. (Foto: Peter Voß)

Ursprünglich als drittes von vier Schwesterschiffen von der Stena Line bestellt, wird die *Kydon II* jetzt in Griechenland für den Fährdienst im Mittelmeer fertiggestellt. (Foto: Frank Heine)

RCC-Flaggschiff *Song of America*. (Foto: H. J. Amberg)

MS *Ankara*

Turkish Maritime Lines, Istanbul

Vom Stapel als ***Mazowia***
Polska Zegluga Morska (Polferries)

Bauwerft: Stocznia Szczecinska im. A. Warskiego, Stettin; Baunr. B490/03
10552 BRT / 1750 tdw / 127,4 m Länge ü.a. / 19,4 m Breite / Vier 6-Zyl.-Diesel mit Getriebe; Zgoda-Sulzer / 12360 kW (16800 PSe) / 2 Schrauben / 20,2 kn / 460 Passagiere + 523 an Deck / 214 PKW

1982 Stapellauf.
Während der Bauzeit als Kompensationszahlung für polnische Staatsschulden an die Türkei übergeben.
1983 Juni: Fertigstellung.
1. Juli: Jungfernreise Istanbul–Izmir.
Izmir–Antalya–Venedig-Dienst.

Das türkische Fährschiff *Ankara*. (Foto: Sammlung Weirauch)

MS *Samsun*

Turkish Maritime Lines, Istanbul

Bauwerft: Stocznia Szczecinska im A. Warsiego, Stettin; Baunr. B 490/04
10583 BRZ / 1788 tdw / 127,5 m Länge ü.a. / 19,4 m Breite / Vier 6-Zyl.-Diesel mit Getriebe; Zgoda-Sulzer / 12360 kW (16800 PSe) / 2 Schrauben / 19,5 kn / 598 Passagiere + 112 an Deck / 214 PKW

1984 31. August: Stapellauf.
1985 Juni: Ablieferung.
Izmir–Venedig-Dienst.

Mit der *Samsun* erhielten die Türken 1985 eine zweite Fähre aus Polen. (Foto: Selim San)

MS *Iskenderun*

Turkish Maritime Lines, Istanbul

Bauwerft: Kiyi Gemi Insaati ve Sanayi AS, Istanbul; Baunr. 229
10550 BRT / 1856 tdw / 127,5 m Länge ü.a. / 19,4 m Breite / Zwei Diesel; Zgoda-Sulzer / 12356 kW (16804 PSe) / 2 Schrauben / 19,5 kn / 463 Passagiere + 147 an Deck / 214 PKW

1987 6. Juni: Stapellauf.
Nach mehreren Terminverschiebungen Fertigstellung 1991 vorgesehen.

Die *Iskenderun* im Juni 1987. (Foto: Arnold Kludas)

MS ***Abegweit***

Marine Atlantic Inc, Charlottetown

Bauwerft: Saint John SB & DD Co, St.John; Baunr. 1136
13 483 BRT / 4 500 tdw / 122,4 m Länge ü.a. / 21,5 m Breite / Sechs 16-Zyl.-Diesel mit Getriebe; Ruston / 13 240 kW (18 000 PSe) / 2 Schrauben / 17 kn / 950 Deckspassagiere / 40 Trailer, 20 Güterwagen

1982 20. Februar: Stapellauf für CN Marine Inc, Charlottetown.
In der Northumberland Strait zwischen Borden und Cape Tormentine als eisbrechendes Fährschiff im Einsatz.
1987 Für Marine Atlantic Inc, Charlottetown, registriert.
1990 13 482 BRT.

Die *Abegweit*. (Foto: CN Marine)

MS ***Nieuw Amsterdam***

Holland America Line, St.Maarten

Erbaut für Holland America Cruises Inc, Willemstad

Bauwerft: Chantiers de l'Atlantique, St. Nazaire; Baunr. V27
33 930 BRZ / 4 217 tdw/ 214,7 m Länge ü.a. / 27,2 m Breite / Zwei 7-Zyl.-Diesel; Sulzer / 21 603 kW (29 370 PSe) / 2 Schrauben / 21 kn / 1 374 Passagiere / Besatzung: 559

1982 20. August: Stapellauf.
1983 11. Mai: Die vorgesehene Ablieferung des Schiffes wird verschoben, weil die Ausrüstung des Neubaus noch nicht beendet ist. Damit fallen auch die ersten vorgesehenen Kreuzfahrten aus.
24. Juni: In Le Havre brennt auf der ***Nieuw Amsterdam*** die elektrische Hauptschalttafel aus. Zum zweiten Mal müssen Taufe und Jungfernreise verschoben werden. Die Taufe war für den 25. und die Jungfernreise nach New York für den 26. Juni vorgesehen.
Die bereits angereisten Ehrengäste und Passagiere müssen wieder nach Hause fahren.
10. Juli: Antritt der Jungfernreise Le Havre–New York. Im US-Kreuzfahrtenmarkt eingesetzt.
1984 Für Holland America Tours, St. Maarten eingetragen. 1 374 Passagiere.
1989 Die Holland America Line wird von Carnival Cruise Lines übernommen, jedoch unter der alten Firma weitergeführt.

Die *Nieuw Amsterdam* auf der Probefahrt. (Foto: Holland America Cruises)

MS ***Noordam***

Holland America Line, St.Maarten

Erbaut für Holland America Lijn NV, St.Maarten

Bauwerft: Chantiers de l'Atlantique, St. Nazaire; Baunr. X27
33 930 BRZ / 4 243 tdw / 214,7 m Länge ü.a. / 27,2 m Breite / Zwei 7-Zyl.-Diesel; Sulzer / 21 600 kW (29 400 PSe) / 2 Schrauben / 21 kn / 1 340 Passagiere / Besatzung: 550

1983 21. Mai: Stapellauf.
1984 8. April: Erste Reise von Le Havre nach Tampa.
Kreuzfahrten in US-Gewässern.
1986 Für Holland–America Tours, St. Maarten, eingetragen.
1989 Die Holland America Line wird von Carnival Cruise Lines übernommen, aber unter der alten Firma weitergeführt.

Holland-America's *Noordam* im November 1988. (Foto: Gerhard Fiebiger)

Mittelmeer-Fährschiff *Corse*.
(Foto: Hans Jürgen Amberg)

MS *Corse*

Société Nationale Maritime Corse Mediterranée (SNCM), Marseille

Bauwerft: Dubigeon-Normandie SA, Nantes; Baunr. 163
12686 BRT / 2200 tdw / 145,0 m Länge ü.a. / 23,8 m Breite / Vier 16-Zyl.-Diesel mit Getriebe; Pielstick-Atlantique / 20550 kW (27550 PSe) / 2 Schrauben / 23,5 kn / 810 Passagiere in zwei Klassen + 1516 an Deck / Besatzung: 123 / 700 PKW

1982 16. Oktober: Stapellauf.
1983 Ablieferung durch Chantiers Dubigeon, wie die Werft seit dem Frühjahr firmiert. Im Marseille–Korsika-Dienst eingesetzt.

P & O-Kreuzfahrer *Sky Princess*. (Foto: Gerhard Fiebiger)

TS *Sky Princess*

P & O Lines Ltd, London

Erbaut als ***Fairsky***
Sitmar Cruises Inc, Monrovia

Bauwerft: Chant. du Nord et de la Mediterranée, La Seyne; Baunr. 1436
38876 BRT / 7872 tdw / 240,5 m Länge ü.a. / 27,8 m Breite / Zwei Satz Getriebeturbinen; GEC-CNIM / 21700 kW (29 500 PS) / 2 Schrauben / 22 kn / 1600 Passagiere / Besatzung: 563

1982 6. November: Stapellauf.
1984 April: Ablieferung.
2. Mai: Ankunft in Los Angeles, dort am 5. Mai getauft.
Kreuzfahrten auf dem US-Markt.
1988: Von P & O Lines Ltd übernommen. Heimathafen Monrovia. Umbenannt ***Sky Princess***.
1990 Heimathafen London. 43692 BRT.

Die japanischen Fährschiffe *New Miyako* ((Foto oben: Y. Ikeda) und *New Yamato*. (Foto: Kanda Zosen)

MS *New Yamato*

Hankyu Ferry KK, Kobe

Bauwerft: Kanda Zosensho KK, Kawajiri; Baunr. 277
11919 BRT / 4999 tdw / 173,0 m Länge ü.a. / 26,8 m Breite / Zwei 12-Zyl.-Diesel mit Getriebe; MAN-Mitsubishi / 17650 kW (24000 PSe) / 2 Schrauben / 21, max. 24,25 kn / 711 Passagiere / 136 LKW, 133 PKW

1982 20. November: Stapellauf.
1983 Oktober: Jungfernreise Kokura–Izumioso. In Shimonoseki registriert.
1987 11919 BRZ.
1990 Heimathafen Kobe.

MS *New Miyako*

Hankyu Ferry KK, Kobe

Bauwerft: Kanda Zosensho KK, Kawajiri; Baunr. 278
11914 BRT / 5022 tdw / 173,0 m Länge ü.a. / 26,8 m Breite / Zwei 12-Zyl.-Diesel mit Getriebe; MAN-Mitsubishi / 17650 kW (24000 PSe) / 2 Schrauben / 21 kn / 436 Passagiere + 375 an Deck / 136 LKW, 133 PKW

1983 26. Oktober: Stapellauf.
1984 Januar: Ablieferung. Heimathafen Shimonoseki.
Kokura–Izumioso-Dienst.
1990 Heimathafen Kobe.

MS *Kerinci*

Indonesische Regierung, Padang

Bauwerft: Jos. L. Meyer, Papenburg;
Baunr. 608
13954 BRT / 3400 tdw / 144,0 m Länge ü.a. / 23,4 m Breite / Zwei 6-Zyl.-Diesel mit Getriebe; MaK / 12500 kW (17000 PSe) / 2 Schrauben / 20 kn / 100 I. Klasse, 200 II. Klasse, 300 III. Klasse, 496 IV. Klasse, 500 in Schlafsälen / Besatzung: 119

1983 7. Mai: Stapellauf.
14. Juli: Ablieferung.
Einsatz im indonesischen Inselverkehr.

MS *Kambuna*

Indonesische Regierung, Ujung Padang

Bauwerft: Jos. L. Meyer, Papenburg;
Baunr. 609
13944 BRT / 2700 tdw / 144,0 m Länge ü.a. / 23,4 m Breite / Zwei 6-Zyl.-Diesel mit Getriebe; MaK / 10900 kW (14800 PSe) / 2 Schrauben / 20 kn / 100 I. Klasse, 200 II. Klasse, 300 III. Klasse, 496 IV. Klasse, 500 in Schlafsälen / Besatzung: 119

1983 15. Oktober: Stapellauf.
1984 18. Februar: Ablieferung.
Einsatz im indonesischen Inselverkehr.
1990 13921 BRT.

MS *Rinjani*

Indonesische Regierung, Lembar

Bauwerft: Jos. L. Meyer, Papenburg;
Baunr. 611
13860 BRT / 3434 tdw / 144,0 m Länge ü.a. / 23,4 m Breite / Zwei 6-Zyl.-Diesel mit Getriebe; MaK / 10880 kW (14790 PSe) / 2 Schrauben / 20 kn / 100 I. Klasse, 200 II. Klasse, 300 III. Klasse, 496 IV. Klasse, 500 in Schlafsälen / Besatzung: 119

1984 18. Februar: Stapellauf.
15. September: Ablieferung.
Im Passagierdienst zwischen den Inseln Indonesiens eingesetzt.

MS *Umsini*

Indonesische Regierung, Sorong

Bauwerft: Jos. L. Meyer, Papenburg;
Baunr. 612
13853 BRT / 3434 tdw / 144,0 m Länge ü.a. / 23,4 m Breite / Zwei 6-Zyl.-Diesel mit Getriebe; MaK / 10890 kW (14780 PSe) / 2 Schrauben / 20 kn / 100 I. Klasse, 200 II. Klasse, 300 III. Klasse, 496 IV. Klasse, 500 in Schlafsälen / Besatzung: 119

1984 15. September: Stapellauf.
1985 31. Januar: Ablieferung.
Im Passagierdienst zwischen den Inseln Indonesiens eingesetzt.

MS *Tidar*

Indonesische Regierung, Semarang

Bauwerft: Jos. L.Meyer, Papenburg;
Baunr. 617
13888 BRT / 3200 tdw / 144,0 m Länge ü.a. / 23,4 m Breite / Zwei 6-Zyl.-Diesel mit Getriebe; MaK / 12800 kW (17402 PSe) / 2 Schrauben / 20 kn / 416 Passagiere + 1488 an Deck / Besatzung 145

1988 23. September: Aufschwimmen im Baudock, Taufe und Ablieferung.
Im Passagierdienst zwischen den Inseln Indonesiens eingesetzt.

Als Nachbau ihrer bewährten Schwesterschiffe kam die *Tidar* 1988 in Fahrt. (Foto: Frank Heine)

MS *Umsini*. (Foto: Steffen Weirauch)

Als erstes Schiff ihrer Klasse kam die *Kerinci* in Fahrt. (Foto: Jos. L. Meyer)

Das indonesische Passagierschiff *Kambuna*. (Foto: Steffen Weirauch)

Rinjani verläßt die Bauwerft. (Foto: Steffen Weirauch)

MS *Holiday*

Carnival Cruise Lines Inc, Nassau

Bauwerft: Aalborg Vaerft A/S; Baunr. 246
46 052 BRZ / 7 186 tdw / 221,6 m Länge ü.a. / 28,0 m Breite / Zwei 7-Zyl.-Diesel; Sulzer / 23 519 kW (31 974 PSe) / 2 Schrauben / 22 kn / 1 794 Passagiere / Besatzung: 600

1983 10. Dezember: Stapellauf.
1985 Januar: Erste Probefahrt.
3. Juni: Ablieferung. Für die Sunbury Assets Inc in Panama registriert.
22. Juni: Ab Aalborg nach Miami.
13. Juli: Erste Kreuzfahrt in der Karibik.
1990 Heimathafen Nassau.

Carnival Cruise Liner *Holiday*. (Foto: F. de Vries)

MS *Champs Elysées*

Société Noveau Armament Transmanche (SNAT), Calais

Bauwerft: Dubigeon-Normandie SA, Nantes; Baunr. 167
15 093 BRZ / 2 430 tdw / 130,0 m Länge ü.a. / 22,5 m Breite / Zwei 16-Zyl.-Diesel mit Getriebe; SEMT-Pielstick / 12 700 kW (17 265 PSe) / 2 Schrauben / 18,5 kn / 1 800 Deckspassagiere, 4 in Kabinen / Besatzung: 84 / 330 PKW und 53 LKW

1983 21. Dezember: Stapellauf.
1984 2. Oktober: Ablieferung an Société Nationale des Chemins de Fer Francais (SNCF), Nantes
Fährdienst zwischen Calais und Dover.
1987 Heimathafen Calais.
1989 Auf die Société Noveau Armament Transmanche, Calais, übertragen.
1990 Mai: Dieppe–Newhaven-Dienst.

Champs Elysees mit weißem Rumpfanstrich. (Foto: Frank Heine)

Noch ein Umbau: die *Sea Wind*. (Foto: K. Brzoza)

MS *Royal Princess*

P & O Lines Ltd, London

Bauwerft: OY Wärtsilä, Helsinki, Baunr. 464
44 348 BRZ / 5 580 tdw / 230,6 m Länge ü.a. / 29,2 m Breite / Vier 6-Zyl.-Diesel mit Getriebe; Pielstick-Wärtsilä / 23 200 kW (31 550 PSe) / 2 Schrauben / 22 kn / 1 260 Passagiere / Besatzung: 518

1984 17. Februar: Im Baudock aufgeschwommen.
30. Oktober: Ablieferung.
15. November: In Southampton getauft.
19. November: Jungfernreise von Southampton nach Miami.
Danach auf dem US-Kreuzfahrtenmarkt eingesetzt.

Japanisches Fährschiff *Ferry Lilac*. (Foto: Bauwerft)

MS ***Ferry Lilac***

Shin Nipponkai Ferry KK, Otaru

Bauwerft: Ishikawajima Harima Heavy Industries, Aioj; Baunr. 2904
18268 BRT / 8285 tdw / 192,9 m Länge ü.a. / 29,4 m Breite / Zwei 8-Zyl.-Diesel mit Getriebe; Pielstick-IHI / 17500 kW (23760 PSe) / 2 Schrauben / 21,8 kn / 544 Passagiere / Besatzung: 54 / 136 PKW, 152 LKW

1984 27. März: Stapellauf.
10. Juli: Ablieferung.
Maizuru–Otaru-Dienst.
1989 18494 BRT.
1990 19105 BRT.

MS ***Sea Wind***

Scandinavian Ferry Lines AB, Stockholm
ex ***Saga Wind*** – 1989

Erbaut als ***Svealand***
Stockholms Rederi AB Svea, Helsingborg

Bauwerft: Helsingör Werft; Baunr. 397
3987 BRT / 4100 tdw / 118,0 m Länge ü.a. / 20,9 m Breite / Vier 9-Zyl.-Diesel mit Getriebe; Ruston Paxman / 7355 kW (10000 PSe) / 2 Schrauben / 18 kn / 36 Passagiere / 45 LKW

1971 17. November: Stapellauf.
1972 Ablieferung. Travemünde–Kopenhagen–Helsingborg-Dienst.
1977 An Lion Ferry verchartert, Travemünde–Malmö-Dienst für Saga-Linjen.
1983: Über Axel Johnson an Svelast (TT-Saga Line) verkauft.
Verlängerung in Trondheim auf 154,4 m Länge ü.a.. 13993 BRT, 21,0 m Breite, 77 Passagiere, 1270 LKW-Meter.
Einbau einer neuen Maschinenanlage gleicher Leistung: Vier 8-Zyl.-Diesel mit Getriebe; MaK.
1984 Umbenannt ***Saga Wind***.
Travemünde–Trelleborg-Dienst.
1988 Auf die Sea Wind Line übertagen, eine Tochtergesellschaft der Silja Line (Effjohn-Gruppe).
1989 29. Januar: Ankunft zum Umbau bei Blohm + Voss in Hamburg. Das Schiff erhält zusätzliche Einrichtungen für 263 Passagiere und 450 m Gleis. 15879 BRZ.
Umbenannt ***Sea Wind***.
18. April: Übergabe, von den Scandinavian Ferry Lines AB, Stockholm, bereedert.
Einsatz als Eisenbahnfähre zwischen Turku und Stockholm.
1990 Für A/B Swedcarrier, Stockholm, registriert.

Royal Princess 1984 vor Southampton. (Foto: Sammlung Weirauch)

MS *Svea*

Silja Line, Stockholm

Erbaut für Silja Line (Johnson Line A/B), Stockholm

Bauwerft: OY Wärtsilä, Helsinki; Baunr. 470
33 829 BRZ / 3 000 tdw / 168,0 m Länge ü.a. / 27,6 m Breite / Vier 12-Zyl.-Diesel mit Getriebe; Pielstick-Wärtsilä / 26 398 kW (35 888 PSe) / 2 Schrauben / 22 kn / 1 625 Passagiere + 375 an Deck / Besatzung: 180 / 350 PKW

1984 28. September: Im Baudock aufgeschwommen.
1985 7. Mai: Ablieferung. Für OY Svea Line, Stockholm, registriert.
Stockholm–Turku-Dienst.
1987 Für OY Svea Line (Finland) in Stockholm registriert.
1990 An OY Silja Line, Stockholm.

MS *Wellamo*

OY Silja Line Ab, Helsinki

Bauwerft: OY Wärtsilä, Helsinki; Baunr. 471
33 818 BRZ / 3 720 tdw / 168,0 m Länge ü.a. / 27,6 m Breite / Vier 12-Zyl.-Diesel mit Getriebe; Pielstick-Wärtsilä / 26 400 kW (35 900 PSe) / 2 Schrauben / 22 kn / 1 625 Passagiere + 375 an Deck / Besatzung: 180 / 350 PKW

1985 15. März: Aufschwimmen im Baudock.
1986 9. Januar: Ablieferung an EFFOA-Finska Ångfartygs A/B, Helsinki.
Im Fährdienst Stockholm–Turku eingesetzt; bei den Tagesfahrten wird auch Mariehamn bedient.

MS *Mariella*

Viking Line, Mariehamn

Bauwerft: OY Wärtsilä, Turku; Baunr. 1286
37 799 BRZ / 2 500 tdw / 175,7 m Länge ü.a. / 29,0 m Breite / Vier 12-Zyl.-Diesel mit Getriebe; Pielstick-Wärtsilä / 23 000 kW (31 280 PSe) / 2 Schrauben / 22 kn / 2 447 Passagiere + 53 an Deck / 580 PKW

1984 28. September: Stapellauf.
1985 17. Mai: Ablieferung. Für SF Linie A/B, Mariehamn, registriert.
18. Mai: Jungfernreise Helsinki–Stockholm.

MS *Olympia*

Viking Line, Slite

Bauwerft: OY Wärtsilä, Turku; Baunr. 1290
37 799 BRZ / 3 420 tdw / 176,8 m Länge ü.a. / 28,4 m Breite / Vier 12-Zyl.-Diesel mit Getriebe; Pielstick-Wärtsilä / 23 010 kW (31 280 PSe) / 2 Schrauben / 22 kn / 2 333 Passagiere + 128 an Deck / Besatzung: 212 / 600 PKW

1985 31. August: Stapellauf.
1986 26. April: Ablieferung. Für Partrederiet for m.s. Olympia, Rederi A/B Slite, registriert.
29. April: Erste Reise im Fährdienst zwischen Stockholm und Helsinki.
1989 37 583 BRZ.

Die *Svea* am Terminal. (Foto: Sammlung Weirauch)

Bild oben:
EFFOA-Fähre *Wellamo*. (Foto: K. Brzoza)

Bild Mitte:
Viking-Fähre *Olympia*. (Foto: K. Brzoza)

Bild unten:
Mariella, die größte der Ostseefähren. (Foto: K. Brzoza)

MS *Caribou*

Marine Atlantic Inc, St.John's

Bauwerft: Versatile Davie Inc, Lauzon; Baunr. 705
27 213 BRT / 3 662 tdw / 179,0 m Länge ü.a. / 24,96 m Breite / Vier 8-Zyl.-Diesel mit Getriebe; MaK / 18 170 kW (24 700 PSe) / 2 Schrauben / 22 kn / 196 Passagiere + 1 146 an Deck / 350 PKW

1984 25. Oktober: Stapellauf für CN Marine, St.John's.
1986 April: Ablieferung.
12. Mai: Jungfernreise im Fährdienst North Sydney–Port aux Basques.

MS *Niels Klim*

Danske Statsbaner, Aarhus

Bauwerft: Nakskov Skibsvaerft A/S, Nakskov; Baunr. 234
19 763 BRZ / 2 400 tdw / 134,0 m Länge ü.a. / 24,0 m Breite / Zwei 8-Zyl.-Diesel; B&W / 10 607 kW (14 420 PSe) / 2 Schrauben / 19,4 kn / 148 Passagiere + 1 852 an Deck / 330 PKW

1985 14. Mai: Taufe. Der vorgesehene Stapellauf muß wegen Niedrigwassers verschoben werden.
29. Mai: Stapellauf.
1986 21. April: Ablieferung.
Fährdienst zwischen Aarhus und Kalundborg.
1990 An Stena AB, Göteborg, verkauft und für ein Jahr zurückgechartert.

MS *Stena Invicta*

Sealink Stena Line

ex ***Peder Paars*** – 1991
Danske Statsbaner, Aarhus

Bauwerft: Nakskov Skibsvaerft; Baunr. 233
19 763 BRZ / 2 813 tdw / 134,0 m Länge ü.a. / 24,0 m Breite / Zwei 8-Zyl.-Diesel; MAN-B&W / 10 607 kW (14 420 PSe) / 2 Schrauben / 17 kn / 148 Passagiere + 1 852 an Deck / 331 PKW

1984 21. November: Stapellauf.
1985 14. Mai: Taufe.
1985 19. November: Ablieferung.
Fährdienst zwischen Aarhus und Kalundborg.
1990 An Stena AB, Göteborg, verkauft und für ein Jahr zurückgechartert.
1991 Mai: Übergabe an die Stena Line als ***Stena Invicta***.
Nach Umbau im Calais–Dover-Dienst eingesetzt.

MS *Joseph and Clara Smallwood*

Marine Atlantic Inc, St.John's

Bauwerft: MIL-Davie, Lauzon; Baunr. 714
27 229 BRT / 4 425 tdw / 179,0 m Länge ü.a. / 25,0 m Breite / Vier 8-Zyl.-Diesel mit Getriebe; Krupp-MaK / 18 170 kW (24 700 PSe) / 2 Schrauben / 22 kn / 164 Passagiere + 1 036 an Deck / 350 PKW

1989 6. Mai: Stapellauf.
1989 28. November: Ablieferung.
Fährdienst North Sydney–Argentia.

Die inzwischen verkaufte *Niels Klim*. (Foto: Peter Voß)

Kanadas größtes Fährschiff, die *Joseph and Clara Smallwood*. (Foto: Arie Lagendijk)

Die kanadische Fähre *Caribou*. (Foto: Arie Lagendijk)

Die *Westerdam* im März 1990 in Emden.
(Foto: Steffen Weirauch)

MS *Westerdam*

Holland America Line Inc, Nassau

Erbaut als ***Homeric***

Home Lines Inc, Panama

Bauwerft: Jos. L. Meyer, Papenburg; Baunr. 610
42 092 BRZ / 5 157 tdw / 204,0 m Länge ü.a. / 29,0 m Breite / Zwei 10-Zyl.-Diesel mit Getriebe; B&W / 23 800 kW (32 350 PSe) / 2 Schrauben / 19 kn / 1 132 Passagiere / Besatzung: 468

1985 28. September: Stapellauf.
26.–30. Dezember: Erste Probefahrt.
1986 6. Mai: Ablieferung.
Kreuzfahrten; im Sommer von New York nach den Bermudas, im Winter in der Karibik.
1988 April: An Holland America Line, Seattle, verkauft.
27. November: Übergabe und Umbenennung in ***Westerdam***.
1989 Die Holland America Line wird von Carnival Cruise Lines übernommen; jetzt für Hal Shipping Ltd, Nassau registriert.
1989 30. Oktober: Ankunft in Papenburg, wo das Schiff bei der Werft Jos. L. Meyer um 39 m verlängert wird. 53 872 BRZ, 243,2 m Länge ü.a., 21 kn, 1 773 Passagiere, Besatzung: 642.
1990 12. März: Rücklieferung, Überführungsreise nach New York.
Karibik- und Alaska-Kreuzfahrten.

Eisenbahnfähre *Peder Paars* heißt jetzt *Stena Invicta*. (Foto: Frank Heine)

MS *Jubilee*

Carnival Cruise Lines Inc, Monrovia

Bauwerft: Kockums MV A/B, Malmö; Baunr. 596
47 262 BRZ / 6 065 tdw / 224,8 m Länge ü.a. / 28,0 m Breite / Zwei 7-Zyl.-Diesel; Sulzer / 23 500 kW (31 970 PSe) / 2 Schrauben / 21,7 kn / 1800 Passagiere / Besatzung: 680

1985 26. Oktober: Im Baudock aufgeschwommen.
1986 Juni: Ablieferung. Für Jubilee Cruises Inc, Monrovia, registriert.
6. Juli: Erste Kreuzfahrt ab Miami.
Kreuzfahrten zwischen Miami, Cozumel, Grand Cayman und Ocho Rios.

Die *Jubilee* vor Florida. (Foto: Gerhard Fiebiger)

MS *Birka Princess*

Birka Line A/B, Mariehamn

Bauwerft: Valmet Shipbuilding Group, Helsinki; Baunr. 321
21 484 BRT / 1 680 tdw / 141,0 m Länge ü.a. / 24,7 m Breite / Vier 12-Zyl.-Diesel mit Getriebe; Pielstick-Wärtsilä / 17 600 kW (24 000 PSe) / 2 Schrauben / 18 kn / 1 394 Passagiere + 106 an Deck / Besatzung: 150 / 80 PKW

1985 29. Oktober: Stapellauf.
1986 22. April: Ablieferung.
Fährverkehr mit Kreuzliner-Standard zwischen Stockholm und Mariehamn.

MS *Koningin Beatrix*

Stena Line BV, Hoek van Holland

Erbaut für Stoomvaart My Zeeland, Hoek van Holland

Bauwerft: Van der Giessen de Noord NV, Krimpen; Baunr. 935
31 189 BRZ / 3 060 tdw / 161,8 m Länge ü.a. / 27,6 m Breite / Vier 8-Zyl.-Diesel mit Getriebe; MAN / 19 360 kW (26 330 PSe) / 2 Schrauben / 21 kn / 557 Passagiere + 1 543 an Deck / Besatzung: 139 / 265 PKW

1985 9. November: Stapellauf.
1986 April: Ablieferung.
22. April: Jungfernreise Hoek van Holland–Harwich.
1988 Dezember: Einführung der Bezeichnung Crown Line für den Fährdienst Hoek van Holland–Harwich.
1989 1. Juni: Die Reederei wird von der Stena Line gekauft, weiter in Hoek van Holland beheimatet.
1. September: Das Firmenzeichen Crown Line wird aufgegeben und das Schiff fährt unter seinem bisherigen Namen in der Stena-Farbgebung weiterhin auf der Route Hoek van Holland–Harwich.

Celebration

siehe Farbteil Seite 108

MS *Marrakech*

Cie Marocaine de Navigation (COMANAV), Casablanca

Bauwerft: Chantiers de l'Atlantique, St. Nazaire; Baunr. N28
11 515 BRZ / 1 770 tdw / 126,8 m Länge ü.a. / 20,0 m Breite / Zwei 9-Zyl.-Diesel; B&W-Atlantique / 9 000 kW (12 235 PSe) / 2 Schrauben / 19,5 kn / 634 Passagiere / Besatzung: 123 / 224 PKW

1985 23. November: Stapellauf.
1986 2. Mai: Ablieferung.
Im Fährdienst zwischen Tanger und Sète eingesetzt.

Die *Marrakech*, das in St. Nazaire gebaute Flaggschiff der COMANAV. (Foto: Chantiers de l'Atlantique)

Fähre mit Kreuzfahrer-Standard — *Birka Princess*. (Foto: K. Brzoza)

Jetzt mit Stena-Schornstein: die *Koningin Beatrix*. (Foto: Gerhard Fiebiger)

MS *Peter Pan*

TT-Line GmbH & Co, Hamburg

Bauwerft: Seebeckwerft AG, Bremerhaven; Baunr. 1058
31 356 BRZ / 5 180 tdw / 161,5 m Länge ü.a. / 27,6 m Breite / Vier 8-Zyl.-Diesel mit Getriebe; MaK / 19 600 kW (26 640 PSe) / 2 Schrauben / 21,5 kn / 1 320 Passagiere + 425 an Deck (inkl. 143 Pullman) / Besatzung: 200 / 550 PKW

1985 30. November: Stapellauf.
1986 30. Mai: Ablieferung. Für Partenreederei „Peter Pan" registriert.
2. Juni: Jungfernreise im Fährdienst Travemünde–Trelleborg.
1990 Dezember: An Transport Tasman, Hobart, verkauft. Die Übergabe ist für den 1. September 1993 geplant.

MS *Nils Holgersson*

Scandinavian Ferry Lines AB, Trelleborg

Bauwerft: Seebeckwerft AG, Bremerhaven; Baunr. 1059
31 395 BRZ / 4 110 tdw / 161,5 m Länge ü.a. / 32,0 m Breite / Vier 8-Zyl.-Diesel mit Getriebe; MaK / 19 598 kW (26 644 PSe) / 2 Schrauben / 20 kn / 1 320 Passagiere + 425 an Deck / Besatzung: 200 / 550 PKW

1986 16. August: Stapellauf für die A/B Swedcarrier, Trelleborg, die das Schiff vor Ablieferung an die Walleniusrederierna verkauft, um Kapital für weitere Investitionen zu haben, die ***Nils Holgersson*** aber sofort bareboat zurückchartert.
1987 20. Februar: Ablieferung.
26. Februar: Jungfernreise im Fährdienst Travemünde–Trelleborg.

MS *Russ*

Far Eastern Shipping Co., Wladiwostok

Erbaut als ***Konstantin Chernenko***

Bauwerft: Stocznia Szczecinska, Stettin; Baunr. 492/06
9885 BRT / 1 621 tdw / 139,6 m Länge ü.a. / 21,0 m Breite / Vier 6-Zyl.-Diesel mit Getriebe; Sulzer-Zgoda / 12 800 kW (17 400 PSe) / 2 Schrauben / 21 kn / 412 Passagiere / Besatzung: 192

1986 24. Januar: Stapellauf.
Dezember: Ablieferung.
1987 Januar: Überführungsfahrt von Riga nach Wladiwostok.
Einsatz in Ostasien.
1988 Umbenannt in ***Russ***. Mit 12 798 BRZ vermessen.
1990 376 Passagiere.

Karl Carstens

siehe Farbteil Seite 111

MS *Nordic Ferry*

P & O European Ferries (Felixstowe) Ltd, London

Bauwerft: Hyundai Heavy Industries Co. Ltd, Ulsan ; Baunr. 651
6 455 BRT / 6 115 tdw / 151,0 m Länge ü.a. / 19,9 m Breite / Zwei 12 -Zyl.-Diesel mit Getriebe; Pielstick-Nippon Kokan / 11 475 kW (15 600 PSe) / 2 Schrauben / 17 kn / 140 Passagiere / 1 692 LKW-Meter

1978 20. März: Stapellauf als Frachtfähre ***Merzario Espania***. Ursprünglich war das Schiff von der schwedischen Rederi AB Concordia (Stena-Tochtergesellschaft) bestellt worden.
31. Juli: Ablieferung an Stena Container Line Ltd, London.
1978: Umbenannt ***Merzario Hispania***.
1979: An European Ferries Ltd. Dover verchartert, umbenannt ***Nordic Ferry***. Einsatz im Fährdienst Felixstowe–Zeebrügge.
1980 Dezember: Bis Februar 1981 Umbau auf der Lloydwerft in Bremerhaven.
166 Passagiere.
1982 3. Mai: Als Truppontransporter für den Falkland-Konflikt übernommen.
25. August: Wieder Fährdienst ab Felixstowe.
1984 Dezember: An Monarch Steamship Co. Ltd (Atlantic Steam Navigation Co. Ltd), London, verkauft.
1986: Umbau. 18 732 BRT, 8 704 tdw, 258 Passagiere + 424 an Deck, 207 PKW, 1 167 LKW-Meter.
1987 19. Januar: P & O übernimmt European Ferries.
31. Dezember: Die Reederei firmiert jetzt als P & O European Ferries (Felixstowe) Ltd, Felixstowe.
1990 Heimathafen London.

Auch die *Nordic Ferry* ist durch die vielen Umbauten nicht gerade schöner geworden. (Foto: Frank Heine)

Peter Pan vor Travemünde. (Foto: Klaus-Peter Kiedel)

Konstantin Chernenko auf der Überführungsfahrt nach Ostasien. (Foto: Gerhard Fiebiger)

Nils Holgersson, die vierte Großfähre der Seebeckwerft für die TT-Gruppe. (Foto: Peter Voß)

MS *Baltic Ferry*

P & O European Ferries (Felixstowe) Ltd, London

Bauwerft: Hyundai Heavy Industries Co. Ltd, Ulsan ; Baunr. 652
6455 BRT / 6115 tdw / 151,0 m Länge ü.a. / 19,9 m Breite / Zwei 12 -Zyl.-Diesel mit Getriebe; Pielstick-Nippon Kokan / 11475 kW (15600 PSe) / 2 Schrauben / 17 kn / 140 Passagiere / 1692 LKW-Meter

1978 5. Juli: Stapellauf als Frachtfähre ***Stena Trader***.
15. September: Ablieferung an Stena Container Line Ltd, London, umbenannt ***Stena Transporter***.
1979: Umbenannt ***Finnrose***.
1980: Wieder als ***Stena Transporter*** in Fahrt.
1980: An European Ferries Ltd. Dover verchartert, umbenannt ***Baltic Ferry***.
1980 Oktober bis Dezember: Umbau bei der Lloydwerft in Bremerhaven. 166 Passagiere.
1982 Bereedert von Triport Ferries Ltd.
2. Mai: Als Truppentransporter für den Falkland-Konflikt übernommen.
1984 Dezember: An Monarch Steamship Co. Ltd (Atlantic Steam Navigation Co. Ltd), London, verkauft.
1986: Umbau. 18732 BRT, 8704 tdw, 258 Passagiere + 424 an Deck, 207 PKW, 1167 LKW-Meter.
Einsatz im Fährdienst Felixstowe–Zeebrügge.
1987 19. Januar: P & O übernimmt European Ferries.
31. Dezember: Die Reederei firmiert jetzt als P & O European Ferries (Felixstowe) Ltd, Felixstowe.
1990 Heimathafen London.

MS *Graip*

Nordström & Thulin A/B, Visby

Bauwerft: Hyundai Shipbuilding & Heavy Industries, Ulsan; Baunr. 644
18779 BRT / 2468 tdw / 151,0 m Länge ü.a. / 19,9 m Breite / Zwei 12-Zyl.-Diesel mit Getriebe; Pielstick-Nippon Kokan Tsurumi / 11475 kW (15600 PSe) / 2 Schrauben / 17 kn / 768 Passagiere + 832 an Deck / 420 PKW

1977 Stapellauf als RoRo-Frachter ***Stena Shipper***.
1978 Januar: Ablieferung als ***Norsky*** an Stena Container Line, London. 5186 BRT. Verchartert an North Sea Ferries.
1980: Nach Ablauf der Charter wieder ***Stena Shipper***.
1980: In Charter für Merzario als ***Merzario Ionia***.
1981: An Entremar Shipping Co, Griechenland verkauft und unter dem Management von Constellation Lines, Piräus, als ***Constellation Enterprise*** in Fahrt.
1986: Unter dem ursprünglichen Namen an Stena Challenger Ltd, Cayman Inseln, verkauft.
1987 4. September: Ankunft bei Blohm + Voss in Hamburg, wo der Frachter zum Passagierschiff umgebaut wird. An Nordström & Thulin AB, Visby verkauft. Umbenannt ***N&T 700***.
25. Dezember: Rücklieferung nach Umbau als ***Graip***.
1988: 1. Januar: Erste Reise im Dienst Visby–Nynäshamn und Visby–Oskarshamn.

MS *Norsun*

North Sea Ferries Noordzee Veerdiensten B.V., Rotterdam

Bauwerft: Nippon Kokan, Tsurumi Shipyard, Yokohama; Baunr. 1033
31598 BRZ / 6403 tdw / 179,0 m Länge ü.a. / 25,1 m Breite / Zwei 9-Zyl.+ zwei 6-Zyl.-Diesel mit Getriebe; Sulzer-Wärtsilä / 19198 kW (26100 PSe) / 2 Schrauben / 18,5 kn / 746 Passagiere + 504 an Deck / 850 PKW

1986 29. August: Stapellauf.
1987 31. März: Ablieferung.
2. April: Überführungsreise mit 800 Exportautos.
12. Mai: Indienststellung. Registriert für Hollandse Vrachtvaart Maats.B.V., Rotterdam. Rotterdam–Hull-Dienst.

MS *Norsea*

North Sea Ferries Noordzee Veerdiensten B.V., Hull

Bauwerft: Govan Shipbuilders Ltd–Govan, Glasgow; Baunr. 265
31785 BRZ / 6545 tdw / 179,4 m Länge ü.a. / 25,1 m Breite / Zwei 9-Zyl.+ zwei 6-Zyl.-Diesel mit Getriebe; Sulzer-Wärtsilä / 19198 kW (26100 PSe) / 2 Schrauben / 18,5 kn / 1250 Passagiere / Besatzung: 107 / 850 PKW

1986 9. September: Stapellauf.
1987 Mai: Ablieferung. Registriert für P & O Steam Navigation Co, Hull. Hull–Rotterdam-Dienst.

Nach vielen Umbauten jetzt im Kanal-Fährdienst: *Baltic Ferry*. (Foto: Frank Heine)

Bild oben:
Die in Glasgow gebaute *Norsea*.
(Foto: Gerhard Fiebiger)

Bild Mitte:
Die *Norsun*, das in Japan gebaute Schwesterschiff der *Norsea*, am Tag der Ablieferung in Tokio.
(Foto: Yoshitatsu Fukawa)

Bild unten:
Nach beendetem Umbau verläßt die *Graip* Weihnachten 1987 die Werft von Blohm + Voss. (Foto: Peter Voß)

MS *Kronprins Harald*

Color Line A/S, Sandefjord

Bauwerft: Wärtsilä Marine Industries Inc, Turku; Baunr. 1292
31 122 BRZ / 5 250 tdw / 166,3 m Länge ü.a. / 28,4 m Breite / Zwei 12-Zyl.+ zwei 6-Zyl.-Diesel mit Getriebe; Sulzer-Wärtsilä / 19 798 kW (26 916 PSe) / 2 Schrauben / 22 kn / 1 440 Passagiere / 583 PKW / Besatzung: 122

1986 31. August: Im Baudock aufgeschwommen.
1987 2. Februar: Erste Probefahrt.
19. März: Ablieferung.
23. März: Taufe in Oslo.
26. März: Erste Reise im Fährdienst Oslo–Kiel.
1989 Mai: Einbau eines Konferenzzentrums auf dem obersten Deck bei Howaldtswerke-Deutsche Werft AG in Kiel. 31 914 BRZ.
1990 Oktober: Die zum Kosmos Konzern gehörenden Reedereien Jahre Line und Norway Line firmieren unter dem neuen Namen Color Line A/S.

Kronprins Harald im Juni 1990. (Foto: Peter Voß)

MS *Pride of Dover*

P & O European Ferries (Dover) Ltd, Dover

Bauwerft: Schichau-Unterweser AG, Bremerhaven; Baunr. 93
26 433 BRZ / 4 621 tdw / 169,6 m Länge ü.a. / 27,8 m Breite / Drei 14-Zyl.-Diesel mit Getriebe; CCM-Sulzer / 23 095 kW (31 398 PSe) / 3 Schrauben / 22 kn / 80 Passagiere + 2 210 an Deck / Besatzung: 100 / 650 PKW

1986 20. September: Stapellauf für Townsend Car Ferries Ltd, Dover.
1987 27. Mai: Ablieferung an P & O European Ferries (Dover) Ltd, Dover. Für Stanhope Steamship Co Ltd registriert.
2. Juni: Erste Reise Dover–Calais.

Pride of Dover in voller Fahrt. (Foto: Dr. Achim Borchert)

MS *Pride of Calais*

P & O European Ferries (Dover) Ltd, Dover

Bauwerft: Schichau-Unterweser AG, Bremerhaven; Baunr. 94
26 433 BRZ / 4 478 tdw / 170,1 m Länge ü.a. / 27,8 m Breite / Drei 14-Zyl.-Diesel mit Getriebe; Sulzer-CCM / 23 100 kW (31 405 PSe) / 3 Schrauben / 22 kn / 80 Passagiere + 2 210 an Deck / 650 PKW

1987 April: Stapellauf für Townsend Car Ferries, Dover.
27. November: Ablieferung an P&O European Ferries (Dover) Ltd., Dover. Für Stanhope Steamship Co Ltd registriert.
4. Dezember: Erste Reise ab Calais. Fährdienst Dover–Calais.

Im November 1987 verläßt die *Pride of Calais* ihre Bauwerft. (Foto: Peter Voß)

New Hamanasu, Schwesterschiff der *Ferry Lilac*. Auf beiden Schiffen wurde das oberste Deck inzwischen bis zum Schornstein verlängert. (Ships of the World)

MS *New Hamanasu*

Shin-Nipponkai Ferry Co Ltd, Otaru

Bauwerft: Ishikawajima Harima Heavy Industries Co Ltd, Aioi; Baunr. 2947
17 261 BRT / 6 965 tdw / 184,5 m Länge ü.a. / 26,5 m Breite / Zwei 9-Zyl.-Diesel mit Getriebe; Pielstick-Bauwerft / 21 846 kW (29 700 PSe) / 2 Schrauben / 22,5 kn / 920 Passagiere an Deck / Besatzung: 58 / 103 PKW

1986 11. November: Stapellauf.
1987 Fertigstellung.
März: Erste Reise im Fährdienst Niigata–Otaru.
1991 17 393 BRT.

MS *New Shirayuri*

Shin-Nipponkai Ferry Co Ltd, Otaru

Bauwerft: Ishikawajima Harima Heavy Industries Co Ltd, Aioi; Baunr. 2948
17 261 BRT / 6 965 tdw / 184,5 m Länge ü.a. / 26,5 m Breite / Zwei 9-Zyl.-Diesel mit Getriebe; Pielstick-Bauwerft / 19 645 kW (26 708 PSe) / 2 Schrauben / 22,5 kn / 920 Deckspassagiere / 103 PKW, 150 LKW (1 350 m)

1987 5. Februar: Stapellauf.
1987 20. April: Ablieferung.
Einsatz im Fährdienst Otaru–Niigata–Tsuruga–Maizuru.
1991 17 393 BRT.

Das japanische Fährschiff *Oarai*. (Foto: Sammlung Y. Fukawa)

MS *Sun Flower Oarai*

Blue Highway Line, Tokio

Erbaut als ***Oarai Maru***
Nippon Enkai Ferry K.K., Tokio

Bauwerft: Hayashikane Sb & Eng. Co Ltd, Shimonoseki; Baunr. 1299
15 139 BRT / 5 990 tdw / 178,0 m Länge ü.a. / 24,8 m Breite / Zwei 8-Zyl.-Diesel mit Getriebe; MAN-Mitsubishi / 18 004 kW (24 476 PSe) / 2 Schrauben / 23 kn / 426 Passagiere + 230 an Deck Besatzung: 50 / 105 PKW, 1 260 m LKW-Meter

1987 16. Februar: Stapellauf.
9. Juni: Ablieferung.
Der Name wird auch als ***Oharai Maru*** transliteriert.
23. Juni: Jungfernreise im Fährdienst zwischen Oarai und Tomakomai.
1990 1. November: Die Reederei firmiert jetzt als Blue Highway Line.
1991 Umbenannt ***Sun Flower Oarai***.

MS *Jan Sniadecki*

Polish Ocean Lines, Stettin

Bauwerft: Götaverken Arendal A/B, Göteborg; Baunr. 952
14 417 BRZ / 5 583 tdw / 155,2 m Länge ü.a. / 21,60 m Breite / Vier 6-Zyl.-Diesel mit Getriebe; Zgoda-Sulzer / 11 840 kW (16 097 PSe) / 2 Schrauben / 16 kn / 130 Passagiere / 615 m Gleis + 560 LKW-Meter

1987 21. Februar: Stapellauf.
1988 Mai: Indienststellung.
Eisenbahnfährdienst Swinemünde–Ystad.

Die polnische Eisenbahnfähre *Jan Sniadecki*. (Foto: Dr. Achim Borchert)

Aegean Dolphin

siehe Farbteil Seite 110

MS *Repubblica di Venezia*

Atlantica SpA di Navigazione, Palermo

Bauwerft: Fincantieri-Cant. Nav. Italiani SpA, (Breda), Venedig; Baunr. 5828
39 701 BRZ / 18 730 tdw / 181,2 m Länge ü.a. / 30,2 m Breite / Ein 8-Zyl.-Diesel; Sulzer-GMT / 13 424 kW (18 250 PSe) / 1 Schraube / 18 kn / 56 Passagiere

1987 3. März: Stapellauf.
1987 11. August: Erste Reise Genua–Santos. Einsatz zwischen Italien und der Ostküste Südamerikas als kombiniertes Fracht- und Fahrgastschiff.

MS *Repubblica di Genova*

Grandi Traghetti SpA di Navigazione (GRANFERRY), Palermo

Erbaut für Grimaldi Compagnia di Navigazione SpA.

Bauwerft: Fincantieri Cantieri Navali Italiani SpA, Castellamare di Stabia; Baunr. 5837
35 638 BRT / 19 165 tdw / 184,1 m Länge ü.a. / 30,4 m Breite / Ein 8-Zyl.-Diesel; Sulzer-GMT / 12 710 kW (17 280 PSe) / 1 Schraube / 18 kn / 57 Passagiere

1987 16. Dezember: Stapellauf.
1988 Juli: Indienststellung.
Hamburg–Santos-Dienst.
1990 Auf Grandi Traghetti SpA di Navigazione (GRANFERRY), Palermo, übertragen.

MS *Repubblica di Pisa*

Grimaldi Compagnia di Navigazione SpA (GRINAVI), Palermo

Bauwerft: Nuovi Cantieri Apuania SpA, Marina di Carrara; Baunr. 1134
39 294 BRZ / 18 845 tdw / 181,2 m Länge ü.a. / 30,4 m Breite / Ein 8-Zyl.-Diesel; Sulzer-GMT / 13 424 kW (18 250 PSe) / 1 Schraube / 18 kn / 54 Passagiere

1987 2. Mai: Stapellauf.
Italien–Südamerika-Dienst.

Überwiegend in Vierbettkabinen sind die Passagiere auf der *Repubblica di Venezia* untergebracht. (Foto: Sammlung Klas Brogren)

Die *Repubblica di Genova* im September 1989. (Foto: Gerhard Fiebiger)

MS ***Repubblica di Amalfi***

Sicula Oceanica SpA (SIOSA), Palermo

Bauwerft: Fincantieri Cantieri Navali Italiani SpA, Castellamare di Stabia; Baunr. 5838
35 750 BRT / 19 084 tdw / 184,1 m Länge ü.a. / 30,4 m Breite / Ein 8-Zyl.-Diesel; GMT-Sulzer / 12 710 kW (17 280 PSe) / 1 Schraube / 18 kn / 57 Passagiere

1988 21. Juli: Stapellauf.
1989 Januar: Indienststellung. Hamburg–Santos-Dienst.

Repubblica di Pisa. (Foto: Frank Heine)

Die *Repubblica di Amalfi* verläßt die Elbmündung. (Foto: Peter Voß)

MS *Varuna*

Higashi Nippon Ferry Co Ltd & Eiyu Shoji YK, Muroran

Bauwerft: Mitsubishi Heavy Industries, Shimonoseki; Baunr. 899
16 725 BRT / 6 005 tdw / 187,1 m Länge ü.a. / 27,0 m Breite / Zwei 8-Zyl.-Diesel mit Getriebe; MAN-Mitsubishi / 21 180 kW 28 800 PSe) / 2 Schrauben / 23,5 kn / 448 Passagiere + 232 an Deck / 116 PKW

1987 31. März: Stapellauf.
Sendai–Tomakomai-Dienst.

MS *Arborea*

Tirrenia SpA di Navigazione, Neapel

Bauwerft: Italcantieri SpA, Genua; Baunr. 4354
11 324 BRT / 2 900 tdw / 148,3 m Länge ü.a. / 22,7 m Breite / Zwei 12-Zyl.-Diesel mit Getriebe; GMT / 11 033 kW (15 000 PSe) / 2 Schrauben / 20 kn / 508 Passagiere + 1 000 an Deck / 340 PKW

1980 4. März: Stapellauf als Frachtfähre ***Staffetta Ionica***.
1987 Umbau zur Passagierfähre. Umbenannt ***Arborea***.
Fährdienst zwischen italienischen Häfen.

MS *Torres*

Tirrenia SpA di Navigazione, Cagliari

Bauwerft: Cantieri Navali Riuniti SpA Ancona; Baunr. 872
11 346 BRT / 3 260 tdw / 148,3 m Länge ü.a. / 22,7 m Breite / Zwei 12-Zyl.-Diesel mit Getriebe; GMT / 11 033 kW (15 000 PSe) / 2 Schrauben / 20 kn / 508 Passagiere + 1 000 an Deck / 340 PKW

1979 Stapellauf als Frachtfährschiff ***Staffetta Mediterranea***.
1979 Ablieferung.
1988 Umbau zur Passagierfähre. Umbenannt ***Torres***.

MS *Caralis*

Tirrenia SpA di Navigazione, Cagliari

Bauwerft: Italcantieri SpS, Genua; Baunr. 4353
12 167 BRT / 2 933 tdw / 148,3 m Länge ü.a. / 22,7 m Breite / Zwei 12-Zyl.-Diesel mit Getriebe; GMT / 11 033 kW (15 000 PSe) / 2 Schrauben / 20 kn / 508 Passagiere + 1 000 an Deck / 340 PKW

1979 12. Juni: Stapellauf als Frachtfährschiff ***Staffetta Ligure***.
1988 Umbau zur Passagierfähre. Umbenannt ***Caralis***.

Higashi-Fähre *Victory*. (Foto: Mitsubishi)

MS *Victory*

Higashi Nippon Ferry Co Ltd & Eiyu Shoji YK, Muroran

Bauwerft: Mitsubishi Heavy Industries Ltd, Kobe; Baunr. 1174
17 113 BRT / 6 737 tdw / 187,1 m Länge ü.a. / 27,0 m Breite / Zwei 8-Diesel mit Getriebe; MAN-Mitsubishi / 21 184 kW (28 800 PSe) / 2 Schrauben / 23,5 kn / 680 Passagiere / 116 PKW, 177 LKW

1989 29. März: Stapellauf.
1990 Ablieferung.
Fährdienst Muroran–Oarai.

Die *Caralis*, ehemals Frachtfähre *Staffetta Ligure*. (Foto: R. Starcevich)

Bild oben:
Rot-gelbe Farbstreifen zieren den Rumpf der *Varuna*. (Foto: Sammlung Klas Brogren)

Bild Mitte:
Tirrenia-Fähre *Torres*.
(Foto: Antonio Scrimali)

Bild unten:
Auch die *Arborea* entstand durch einen Umbau. (Foto: Frank Heine)

MS ***Sovereign of the Seas***

Caribbean Cruise Line Ltd, Oslo

Bauwerft: Chantiers de l'Atlantique, St. Nazaire; Baunr. A 29
73 192 BRZ / 7283 tdw/ 268,3 m Länge ü.a. / 32,2 m Breite / Vier 9-Zyl.-Diesel mit Getriebe; Pielstick-Alsthom-Atlantique / 20 478 kW (27 840 PSe) / 2 Schrauben / 21 kn / 2282 Passagiere / Besatzung: 750

1987 4. April: Im Baudock aufgeschwommen.
5. September: Erste Probefahrt.
20. November: Abschließende Probefahrt.
19. Dezember: Ablieferung.
21. Dezember: Überführungsreise von St.Nazaire nach Miami.
1988 15. Januar: Taufe auf den Namen ***Sovereign of the Seas***.
16. Januar: Erste Kreuzfahrt ab Miami.

MS ***Kitakami***

Taiheiyo Ferry Co Ltd (Pacific Ferry Co Ltd), Nagoya

Bauwerft: Mitsubishi, Shimonoseki; Baunr. 926
13 818 BRT / 6748 tdw / 192,5 m Länge ü.a. / 27,0 m Breite / Zwei 8-Zyl.-Diesel mit Getriebe; MAN-Mitsubishi / 21 184 kW (28 800 PSe) / 2 Schrauben / 21,5 kn

1989 22. April: Stapellauf.
Einsatz im Fährdienst Nagoya–Sendai–Tomakomai.

MS ***Americana***

Ivarans Rederi A/S, Oslo

Bauwerft: Hyundai Heavy Industries Co Ltd, Ulsan, Süd Korea. Baunr. 464
19 203 BRZ / 19 830 tdw / 176,7 m Länge ü.a. / 26,0 m Breite / Ein 7-Zyl.-Diesel; MAN-B & W-Bauwerft / 10 830 kW (14 730 PSe) / 1 Schraube / 18,25 kn / 110 Passagiere / Besatzung: 30

1987 Stapellauf.
1988 5. März: Erste Reise ab New York nach der Ostküste Südamerikas. Die ***Americana*** ist ein kombiniertes Passagier-Containerschiff für 48-tägige Rundreisen von New York über Zwischenhäfen nach Buenos Aires.

Nord Pas de Calais
siehe Farbteil Seite 108

MS ***Kiso***

Taiheiyo Ferry KK (Pacific Ferry Co Ltd), Nagoya

Bauwerft: Mitsubishi Heavy Industries, Shimonoseki; Baunr. 902
13 608 BRT / 7 150 tdw / 192,5 m Länge ü.a. / 27,1 m Breite / Zwei 8-Zyl.-Diesel mit Getriebe; MAN-Mitsubishi / 17 212 kW (23 400 PSe) / 2 Schrauben / 21,5 kn / 252 Passagiere + 598 an Deck / 120 PKW

1987 1. Juli: Stapellauf.
Nagoya–Tomakomai-Dienst.

Zwischen Nord- und Südamerika verkehrt die *Americana*.

Die japanische Autofähre *Kiso*.
(Foto: Yoshitatsu Fukawa)

Als größtes Passagierschiff der Welt kam 1988 die *Sovereign of the Seas* in Fahrt. (Foto: Gerhard Fiebiger)

MS ***Amorella***

Viking Line, Mariehamn

Bauwerft: Brodogradiliste, Split; Baunr. 356
34 384 BRT / 3 690 tdw / 158,0 m Länge ü.a. / 27,6 m Breite / Vier 12-Zyl.-Diesel mit Getriebe; Pielstick / 23 762 kW (32 300 PSe) / 2 Schrauben / 21,5 kn / 2 112 Passagiere + 88 an Deck / 630 PKW, 53 LKW

1987 18. Juli: Stapellauf.
1988 Ablieferung. Für SF Line A/B, Mariehamn, registriert.
14. Oktober: Aufnahme des Stockholm–Turku-Dienstes.

Die *Amorella* der Viking Line. (Foto: Dirk Jankowsky)

MS ***Isabella***

Viking Line, Mariehamn

Bauwerft: Brodogradiliste, Split; Baunr. 357
34 384 BRZ / 2 830 tdw / 169,4 m Länge ü.a. / 27,6 m Breite / Vier 12-Zyl.-Diesel mit Getriebe; Wärtsilä-Pielstick / 17 476 kW (23 759 PSe) / 2 Schrauben / 21,5 kn / 2 112 Passagiere + 88 an Deck / 630 PKW, 970 LKW-Meter

1988 13. August: Stapellauf.
Für die SF Line A/B, Mariehamn, registriert, von der Viking Line bereedert.
1989 4. Juli: Erste Reise im Fährdienst Stockholm–Naantali.
Auch Helsinki–Tallinn-Reisen.

Die *Isabella*, das Schwesterschiff der *Amorella*. (Foto: K. Brzoza)

Zwischen Ryotsu und Niigata verkehrt die *Osado Maru*. (Foto: Sammlung Klas Brogren)

MS *Osado Maru*

Sado Kisen Kaisha, Ryotsu

Bauwerft: Kanda Shipbuilding Co, Kawajiri/Hiroshima; Baunr. 308
10 811 BRT / 1 506 tdw / 131,9 m Länge ü.a. / 21,0 m Breite / Zwei 9-Zyl.-Diesel mit Getriebe; Pielstick-Niigata / 9 930 kW (13 500 PSe) / 2 Schrauben / 20 kn / 1 525 Deckspassagiere / 190 PKW

1987 9. September: Stapellauf.
Der Name wird auch als ***Ohsado Maru*** transliteriert.
Einsatz im Fährdienst Ryotsu–Niigata.

MS *Crown Odyssey*

Royal Cruise Line Ltd, Nassau

Bauwerft: Jos. L. Meyer, Papenburg; Baunr. 616
34 242 BRZ / 5 186 tdw / 187,7 m Länge ü.a. / 28,2 m Breite / Zwei 8-Zyl.+ zwei 6-Zyl.-Diesel mit Getriebe; MaK / 21 300 kW (28 955 PSe) / 2 Schrauben / 22,5 kn / 1 209 Passagiere / Besatzung: 443

1987 1. November: Im Baudock aufgeschwommen.
1987 28.–31. Dezember: Probefahrt.
1988 14. Mai: Taufe. Für die Capital Maritime Inc in Piräus registriert.
4. Juni: Überführungsfahrt von Emden nach Tilbury.
7. Juni: Erste Ostseekreuzfahrt ab Tilbury.
1989/90 Die Royal Cruise Line wird von der Kloster-Gruppe übernommen, bleibt aber als eigenständige Reederei bestehen.
1990 Heimathafen Nassau.
Weltweite Kreuzfahrt.

Die *Crown Odyssee* passiert Cuxhaven. (Foto: Peter Voß)

1988 kam die in Turku gebaute *Seaward* in Fahrt. (Foto: Gerhard Fiebiger)

MS *Seaward*

Kloster Cruise Ltd, Nassau

Bauwerft: Wärtsilä Marine Industries, Turku; Baunr. 1294
42 276 BRZ / 3 500 tdw / 216,2 m Länge ü.a. / 32,6 m Breite / Vier 8-Zyl.-Diesel mit Getriebe; Wärtsilä-Sulzer / 18 476 kW (25 120 PSe) / 2 Schrauben / 20 kn / 1 798 Passagiere / Besatzung: 609

1987 14. November: Aufschwimmen.
1988 16. Mai: Ablieferung.
26. Mai: Taufe in New York.
Karibik-Kreuzfahrten.

MS *New Seto*

Hankyu Ferry KK, Kobe

Bauwerft: Kanda Zosensho K.K., Kawajiri; Baunr. 306
12 589 BRT / 4 926 tdw / 174,5 m Länge ü.a. / 26,8 m Breite / Zwei 8-Zyl.-Diesel mit Getriebe; MAN-Mitsubishi / 21 184 kW (28 800 PSe) / 2 Schrauben / 23 kn / 432 Passagiere + 768 an Deck / 166 PKW, 2 100 LKW-Meter

1988 2. April: Stapellauf.
1988 Ablieferung.
Einsatz im Fährdienst Osaka–Kobe–Kokura.

MS *New Harima*

Hankyu Ferry KK, Kobe

Bauwerft: Kanda Zosensho K.K., Kawajiri; Baunr. 305
12 579 BRT / 4 981 tdw / 174,5 m Länge ü.a. / 26,8 m Breite / Zwei 8-Zyl.-Diesel mit Getriebe; MAN-Mitsubishi / 21 184 kW (28 800 PSe) / 2 Schrauben / 22,6 kn / 432 Passagiere + 768 an Deck / 75 PKW + 166 LKW

1987 7. Dezember: Stapellauf.
1988 Ablieferung.
Einsatz im Fährdienst Osaka–Kobe–Kokura.
1990 12 589 BRT.

Hankyu-Fähre *New Harima*. (Foto: Sammlung Klas Brogren)

EMS ***Star Princess***

P & O Lines Ltd, Monrovia

Vom Stapel als ***Sitmar Fairmajesty***
Sitmar Cruises

Bauwerft: Chantiers de l'Atlantique, St. Nazaire; Baunr. B 29
63 524 BRZ / 7 506 tdw / 245,6 m Länge ü.a. / 32,2 m Breite / Vier 8-Zyl.-Diesel MAN-B&W mit zwei E-Motoren 12 000 kW verbunden / 38 880 kW (52 858 PSe) / 2 Schrauben / 21 kn / 1 621 Passagiere / Besatzung: 634

1988 5. März: Stapellauf als ***Sitmar Fairmajesty*** für Sitmar Cruises.
1988: Die P&O Linie übernimmt die Sitmar Cruises.
1989 4. März: Ablieferung.
23. März: Taufe in Florida auf den Namen ***Star Princess***. Für Cosedia Marine Inc in Monrovia registriert.
Zehntägige Kreuzfahrten in der Karibik ab Fort Lauderdale und Alaska-Reisen ab San Franzisko.

MS ***Nils Dacke***

Scandinavian Ferry Lines AB, Trelleborg

Bauwerft: Seebeckwerft AG, Bremerhaven; Baunr. 1063
24 745 BRZ / 8 900 tdw / 177,2 m Länge ü.a. / 26,5 m Breite / Zwei 6-Zyl.+ zwei 8-Zyl.-Diesel mit Getriebe; MAN-B&W / 14 806 kW (20 229 PSe) / 2 Schrauben / 20 kn / 284 Passagiere / Besatzung: 41 / 870 m Gleis

1988 9. April: Stapellauf.
16. August: Ein während der Werftprobefahrt aufgetretener Kurzschluß zerstört die Hauptschalttafel und verzögert die Ablieferung um zwei Monate.
25. Oktober: Zweite Probefahrt.
28. Oktober: Ablieferung.
Für A/B Swedcarrier registriert.
Trelleborg–Travemünde-Dienst.

MS ***Robin Hood***

TT Line GmbH & Co, Hamburg

Bauwerft: Schichau Seebeckwerft AG, Bremerhaven; Baunr. 1064
24 728 BRZ / 8 900 tdw / 177,2 m Länge ü.a. / 26,0 m Breite / Zwei 6-Zyl.+ zwei 8-Zyl.-Diesel mit Getriebe; MAN / 14 000 kW (19 034 PSe) / 2 Schrauben / 18 kn / 300 Passagiere / Besatzung: 40 / 870 m Gleis

1988 10. September: Stapellauf.
1989 27. Januar: Ablieferung.
28. Januar: Erste Reise im Fährdienst Travemünde Trelleborg.

Die zur Passagierfähre umgebaute *Capo Carbonara*. (Foto: Frank Heine)

MS ***Capo Carbonara***

Tirrenia SpA di Navigazione

Erbaut als ***Adria***
Lloyd Triestino SpA di Navigazione, Triest

Bauwerft: Cantieri Navali Riuniti SpA, Ancona ; Baunr. 873
12 167 BRT / 3 061 tdw / 148,3 m Länge ü.a. / 22,7 m Breite / Zwei 12-Zyl.-Diesel mit Getriebe; GMT / 11 033 kW (15 000 PSe) / 2 Schrauben / 20 kn / 508 Passagiere + 1 000 an Deck / 340 PKW

1980 30. Juli: Stapellauf.
Als RoRo-Frachtfähre zwischen italienischen Häfen eingesetzt. 7 441 BRT.
1987 Für Tirrenia di Navigazione registriert.
1988 Umbau zur Passagierfähre.
Umbenannt ***Capo Carbonara***.

Nils Dacke, erstes von zwei Schwesterschiffen. (Foto: Peter Voß)

Mit ungewöhnlichen Gestaltungsmerkmalen kann die *Star Princess* aufwarten. (Foto: Dr. Achim Borchert)

Eisenbahnfährschiff *Robin Hood*. (Foto: Dirk Jankowsky)

MS *New Akashia*

Shin Nipponkai Ferry Co Ltd, Otaru

Bauwerft: Ishikawajima Harima Heavy Industries, Kure; Baunr. 2972
19 796 BRT / 7 622 tdw / 192,9 m Länge ü.a. / 29,4 m Breite / Zwei 8-Zyl.-Diesel mit Getriebe; Pielstick / 19 418 kW (26 399 PSe) / 2 Schrauben / 22 kn / 220 Passagiere + 580 an Deck / 80 PKW / 1 860 LKW-Meter

1988 27. April: Stapellauf.
1988 Ablieferung.
Einsatz im Fährdienst Otaru–Niigata–Tsuruga–Maizuru.
Im Lloyd's Register 1990/91 mit ***New Acacia*** transliteriert.

New Akashia. (Foto: Sammlung Klas Brogren)

MS *Royal Viking Sun*

Royal Viking Line, Nassau

Bauwerft: Wärtsilä Marine Industries Inc, Turku; Baunr. 1296
37 845 BRZ / 6 150 tdw / 204,0 m Länge ü.a. / 28,9 m Breite / Vier 8-Zyl.-Diesel mit Getriebe; Sulzer-Wärtsilä / 21 120 kW (28 713 PSe) / 2 Schrauben / 21,8 kn / 768 Passagiere / Besatzung: 469

1988 Mai: Aufschwimmen im Baudock.
26. November: Ablieferung. Für Kloster Cruise Ltd, Nassau, registriert, von der Royal Viking Line bereedert.
1989 8. Januar: Taufe in San Franzisko. Kreuzfahrten.

Royal Viking Sun im Nord-Ostsee-Kanal. (Foto: Klaus Bombel)

MS *Sassnitz*

Deutsche Reichsbahn, Sassnitz

Bauwerft: Danyard A/S, Aalborg; Baunr. 690
20 276 BRT / 5 050 tdw / 171,5 m Länge ü.a. / 23,8 m Breite / Vier 12-Zyl.-Diesel mit Getriebe; S.K.L. Halberstadt / 18 000 kW (24 471 PSe) / 2 Schrauben / 17,8 kn / Passagiere: 56 + 744 an Deck / Besatzung: 110 / 140 PKW, 711 m Gleis

1988 24. Juni: Stapellauf.
1988 25. November: Taufe.
1989 12. März: Indienststellung auf der Route Sassnitz–Trelleborg.

Die *Sassnitz* der Deutschen Reichsbahn. (Foto: Hans-Joachim Reinecke)

MS *Fuji Maru*

Mitsui O.S.K. Lines (Passenger) Ltd, Tokio

Bauwerft: Mitsubishi Heavy Industries, Kobe; Baunr. 1177
23 340 BRZ / 4 613 tdw / 167,0 m Länge ü.a. / 24,0 m Breite / Zwei 8-Zyl.-Diesel; Mitsubishi / 13 388 kW (18 201 PSe) / 2 Schrauben / 20 kn / 600 Passagiere / Besatzung: 135

1988 10. September: Stapellauf.
1989 19. April: Ablieferung.
29. April: Erste Kreuzfahrt ab Tokio.

Das japanische Kreuzfahrtschiff *Fuji Maru*. (Foto: Sammlung Y. Fukawa)

Mit einer Vermessung von über 40 000 BRZ war die *Athena* bei ihrer Indienststellung die größte Fähre der Welt. (Foto: K. Brzoza)

Die *Kalypso*, Schwesterschiff der *Athena*. (Foto: Dirk Jankowsky)

MS ***Athena***

Viking Line, Slite

Bauwerft: Wärtsilä Marine Industries Inc, Turku; Baunr. 1297
40 012 BRZ / 2 800 tdw / 176,6 m Länge ü.a. / 29,6 m Breite / Vier 9-Zyl.-Diesel mit Getriebe; Sulzer-Wärtsilä / 23 760 kW (32 300 PSe) / 2 Schrauben / 21 kn / 2 090 Passagiere + 110 an Deck / Besatzung: 215 / 620 PKW

1988 22. Oktober: Aufschwimmen im Baudock.
1989 21. April: Ablieferung an die Rederi AB Slite, von der Viking Line bereedert. Zwischen Stockholm und Mariehamn eingesetzt.
1990 1 742 Passagiere + 458 an Deck.

MS ***Kalypso***

Viking Line, Slite

Bauwerft: Masa Yards, Turku; Baunr. 1298
40 012 BRZ / 2 800 tdw / 176,8 m Länge ü.a. / 29,6 m Breite / Vier 9-Zyl.-Diesel mit Getriebe; Sulzer-Wärtsilä / 23 748 kW (32 286 PSe) / 2 Schrauben / 22 kn / 2 165 Passagiere / 490 PKW

1989 27. August: Aufgeschwommen.
Für Rederi A/B Slite registriert, von der Viking Line bereedert.
1990 1. Mai: Jungfernreise Turku–Stockholm. Stockholm–Mariehamn–Turku-Dienst.

MS ***Crown del Mar***

Crown Cruise Lines, Panama

Erbaut als ***Las Palmas de Gran Canaria***
Compania Trasmediterranea, Valencia

Bauwerft: Union Naval de Levante SA, Valencia; Baunr. 94
8983 BRT / 1568 tdw / 130,6 m Länge ü.a. / 19,2 m Breite / Zwei 7-Zyl.-Diesel; B&W / 11770 kW (16000 PSe) / 2 Schrauben / 21 kn / 500 Passagiere + 500 an Deck

1966 30. Oktober: Stapellauf.
1967 Ablieferung.
Spanien–Las Palmas-Dienst.
1978 6892 BRT.
1985 An Fakis Solomonides Ltd (Sol Lines), Nicosia verkauft.
1986 14. Januar: Ankunft zum Umbau bei Union Naval de Levante, Valencia.
1988 Oktober: Ablieferung als ***Crown del Mar*** an Crown Cruise Lines, Panama. Registriert für Maritima Albatros SA, Panama. 16292 BRZ, 486 Passagiere.
Bahama- und Karibikkreuzfahrten.
11. November: Erste Kreuzfahrt ab Palm Beach.
1991 9725 BRZ.

Die *Crown del Mar* in Port Everglades. (Foto: Dr. Achim Borchert)

MS ***Sun Flower Erimo***

Blue Highway Line, Tokio

Erbaut als ***Erimo Maru***
Nippon Enkai Ferry K.K., Tokio

Bauwerft: Ishikawajima-Harima Heavy Industries, Tokio; Baunr. 2979
11272 BRT / 5729 tdw / 178,0 m Länge ü.a. / 25,0 m Breite / Zwei 9-Zyl.-Diesel mit Getriebe; Pielstick-IHI / 21844 kW (29697 PSe) / 2 Schrauben / 23 kn / 634 Tages-Passagiere / 105 PKW / Besatzung: 50

1988 25. Oktober: Stapellauf.
1989 17. März: Ablieferung.
Einsatz im Fährdienst Tokio–Tomakomai.
1990 1. November: Die Reederei firmiert jetzt als Blue Highway Line.
1991 22. Januar: In ***Sun Flower Erimo*** umbenannt.

Die *Sun Flower Erimo* als *Erimo Maru*. (Foto: IHI)

MS ***Danielle Casanova***

Société Nationale Maritime Corse Méditerranée (SNCM), Ajaccio

Bauwerft: Chantiers de l'Atlantique, St. Nazaire; Baunr. C29
30985 BRZ / 3452 tdw / 165,5 m Länge ü.a. / 27,4 m Breite / Vier 18-Zyl.-Diesel mit Getriebe; Pielstick-Alsthom-Atlantique / 35768 kW (48627 PSe) / 2 Schrauben / 23 kn / 1836 Passagiere + 936 an Deck / Besatzung: 169 / 804 PKW

1988 15. Dezember: Stapellauf.
Ursprünglich war der Name ***Ile de Beauté*** vorgesehen.
1989 Mai: Ablieferung.
Fährdienst Marseille–Calvi.

Danielle Casanova im September 1990 in Bastia. (Foto: Dr. Christian Ostersehlte)

EMS *Fantasy*

Carnival Cruise Lines Inc, Monrovia

Bauwerft: Wärtsilä Marine Industries Inc, Helsinki; Baunr. 479
70 367 BRZ / 7 200 tdw / 262,0 m Länge ü.a. / 31,5 m Breite / Zwei 8-Zyl.-Diesel + vier 12 Zyl.-Diesel, elektrische Kraftübertragung; Sulzer-Wärtsilä / 42 240 kW (57 425 PSe) / 2 Schrauben / 18 kn / 2 634 Passagiere / Besatzung: 980

1988 9. Dezember: Aufgeschwommen.
1989 Juli: Probefahrten.
26. August: Taufe auf den Namen ***Fantasy***.
1990 26. Januar: Ablieferung durch die Masa-Yards Inc, Helsinki, seit dem 7. November 1989 Nachfolgefirma der in Konkurs gegangenen Wärtsilä Marine Industries.
Der Auftrag für das dritte Schiff der Serie, das auf den Namen ***Sensation*** getauft werden sollte, wurde storniert.
2. März: Erste Kreuzfahrt ab Miami.

Lissos

siehe Farbteil Seite 107

MS *Ecstasy*

Carnival Cruise Lines Inc, Monrovia

Bauwerft: Masa-Yards, Helsinki; Baunr. 480
70 367 BRT / 262,0 m Länge ü.a. / 31,5 m Breite / Zwei 8-Zyl.-Diesel + vier 12 Zyl.-Diesel, elektrische Kraftübertragung; Sulzer-Wärtsilä / 42 240 kW (57 425 PSe) / 2 Schrauben / 18 kn / 2 634 Passagiere / Besatzung: 980

1989 21. Oktober: Aufschwimmen im Baudock.
1991 18. April: Ablieferung.
Karibik-Kreuzfahrten.

Olau Hollandia

siehe Farbteil Seite 112

Bild oben:
Ecstasy im Mai 1990 am Ausrüstungskai der Masa Werft in Helsinki.
(Foto: Dirk Jankowsky)

Bild unten:
Das letzte große Kreuzfahrtschiff der berühmten Wärtsilä Werft, die *Fantasy*.
(Foto: Sammlung Klas Brogren)

MS *Palladio*

Adriatica di Nav SpA, Venedig

Bauwerft: Fincantieri-Cant Nav Italiani SpA, Ancona; Baunr. 5864
10 977 BRZ / 2 501 tdw / 122,0 m Länge ü.a. / 19,4 m Breite / Zwei 6-Zyl.-Diesel mit Getriebe; Grandi Motori / 6 178 kW (8 400 PSe) / 2 Schrauben / 17 kn / Passagiere: 348 + 752 an Deck

1989 Januar: Stapellauf.
23. März: Ablieferung.
Fährdienst zwischen Italien und Jugoslawien.
Im Sommer auch Venedig–Alexandria-Dienst.

Adriatica-Neubau *Palladio*. (Foto: Antonio Scrimali)

MS *Sansovino*

Adriatica di Nav SpA, Venedig

Bauwerft: Fincantieri-Cant Nav Italiani SpA, Ancona; Baunr. 5865
10 977 BRZ / 2 500 tdw / 122,0 m Länge ü.a. / 19,4 m Breite / Zwei 6-Zyl.-Diesel mit Getriebe; Grandi Motori / 6 178 kW (8 400 PSe) / 2 Schrauben / 17 kn / Passagiere: 348 + 752 an Deck

1989 23. März: Stapellauf
September: Ablieferung.
Fährdienst zwischen Italien und Jugoslawien.
Im Sommer auch Venedig–Alexandria-Dienst.

Die *Sansovino* vor Dubrovnik. (Foto: Dr. Achim Borchert)

MS *Bretagne*

Brittany Ferries, Morlaix

Bauwerft: Chantiers de l'Atlantique, St. Nazaire; Baunr. D29
25 015 BRT / 2 950 tdw / 151,2 m Länge ü.a. / 26,0 m Breite / Vier 12-Zyl.-Diesel mit Getriebe; Wärtsilä / 18 020 kW (24 498 PSe) / 2 Schrauben / 19,5 kn / 1 146 Passagiere + 910 an Deck / 580 PKW

1989: 4. Februar: Im Baudock aufgeschwommen.
1989 10. Juli: Ablieferung. In Roscoff registriert.
16. Juli: Erste Reise Plymouth–Santander.
Einsatz auf den Fährlinien Roscoff–Plymouth, Roscoff–Cork und Plymouth–Santander.
1990 Heimathafen Morlaix. 24 534 BRT.

Die französische Kanalfähre *Bretagne*. (Foto: Gerhard Fiebiger)

MS *Olau Britannia*

Olau-Line, Hamburg

Bauwerft: Schichau Seebeckwerft AG, Bremerhaven, Baunr. 1068
33 336 BRZ / 5 120 tdw / 161,0 m Länge ü.a. / 29,0 m Breite / Vier 8-Zyl.-Diesel; Sulzer mit Getriebe / 19 600 kW (26 650 PSe) / 2 Schrauben / 21,3 kn / 1 720 Passagiere / Besatzung: 188 / 575 PKW

1989 28. Oktober: Stapellauf.
1990 16. Mai: Übergabe an die Reederei.
18. Mai: Taufe in Sheerness.
21. Mai: Erste Reise im Fährdienst Vlissingen–Sheerness.

Die *Olau Britannia* auf der Übergabefahrt. (Foto: Peter Voß)

MS *Cinderella*

Viking Line, Mariehamn

Bauwerft: Wärtsilä Marine Industries Inc, Turku; Baunr. 1302
46 398 BRZ / 3 600 tdw / 191,0 m Länge ü.a. / 29,0 m Breite / Vier 12-Diesel mit Getriebe; Sulzer-Wärtsilä / 28 780 kW (39 127 PSe) / 2 Schrauben / 22 kn / 2 500 Passagiere / Besatzung: 224 / 480 PKW

1989 15. April: Aufgeschwommen.
1989 7. November: Ablieferung als letzter Neubau der in Konkurs gegangenen Werft. Für SF Line AB, Mariehamn, registriert, von der Viking Line bereedert.
1989 8. November: Erste Reise im Fährdienst Helsinki–Stockholm.

Olau Hollandia

siehe Farbteil Seite 112

Schon wieder ein Superlativ im Helsinki–Stockholm-Dienst war 1989 die *Cinderella*. (Foto: Wärtsilä)

EMS *Crown Princess*

P & O Lines Ltd, Palermo

Bauwerft: Fincantieri Navali, Monfalcone ; Baunr. 5839
70 000 BRT / 5 450 tdw / 245,0 m Länge ü.a./ 32,3 m Breite / Vier 8 -Zyl.-Diesel mit elektrischer Kraftübertragung; MAN-B&W / 38 880 kW (52 877 PSe) / 2 Schrauben / 22,5 kn / 1 900 Passagiere / Besatzung: 678

Von Atramar für die Bereederung durch die Sitmar Cruises in Auftrag gegeben.
1988 P & O übernimmt Sitmar Cruises.
1989 25. Mai: Aufschwimmen im Baudock. Für die P&O Lines in Palermo eingetragen.
1990 29. Juni: Ablieferung.
8. Juli: Erste Kreuzfahrt ab Piräus ins Mittelmeer.
13. September: Überführungsreise Southampton–New York.
Oktober: Erste Karibik-Kreuzfahrt.

MS *Nordic Empress*

Royal Caribbean Cruise Line, Monrovia

Bauwerft: Ateliers & Chantiers de l'Atlantique, St. Nazaire; Baunr. G 29
48 563 BRZ / 5 344 tdw / 210,8 m Länge ü.a. / 30,7 m Breite / Zwei 8-Zyl.- und zwei 12-Zyl.-Diesel mit Getriebe; Wärtsilä / 16 200 kW (22 000 PSe) / 2 Schrauben / 19,5 kn / 2 274 Passagiere / Besatzung: 640

1987 Von Admiral Cruises bestellt. Ursprünglich war als Name ***Future Seas*** vorgesehen.
1989 25. August: Stapellauf.
1990 31. Mai: Ablieferung. Für Nordic Empress Ltd, Monrovia, registriert.
25. Juni: Erste Kreuzfahrt ab Miami nach den Bahamas.

EMS *Crystal Harmony*

Nippon Yusen Kaisha (NYK Line), Nassau

Bauwerft: Mitsubishi Heavy Industries, Nagasaki; Baunr. 2100
48 621 BRZ / 8 642 tdw / 240,9 m Länge ü.a. / 29,6 m Breite / Vier 8-Zyl.-Diesel; MAN-Bauwerft, elektrische Kraftübertragung / 34 500 kW (47 000 PSe) / 2 Schrauben / 22 kn / 960 Passagiere / Besatzung: 505

1989 30. September: Stapellauf.
1990 Juli: Ablieferung.
Für Crystal Ship (Bahamas) Ltd registriert. Kreuzfahrten ab US-Häfen.

MS *Crown Monarch*

Crown Cruise Lines, Panama

Bauwerft: Union Naval de Levante SA, Valencia; Baunr. 185
13 991 BRT / 148,5 m Länge ü.a. / 20,6 m Breite / Vier 9-Zyl.-Diesel mit Getriebe / 13 240 kW (18 000 PSe) / 18 kn / 580 Passagiere

1989 30. Oktober: Stapellauf.
1990 November: Ablieferung.
1. Dezember: Erste Kreuzfahrt ab Palm Beach.

Größtes Kreuzfahrtschiff der P & O Lines ist die *Crown Princess*. (Foto: Hans Jürgen Amberg)

Bild oben:
Größtes in Japan gebautes Passagierschiff: die *Crystal Harmony*.
(Foto: Yoshitatsu Fukawa)

Bild Mitte:
Die in Spanien gebaute *Crown Monarch*.
(Foto: Union Naval)

Bild unten:
Die *Nordic Empress* der RCC Line.
(Foto: Chantiers de l'Atlantique)

MS *Silja Serenade*

Silja Line, Helsinki

Bauwerft: Masa-Yards, Turku; Baunr. 1301
58376 BRZ / 4648 tdw / 203,0 m Länge ü.a. / 31,5 m Breite / Vier 9-Zyl.Diesel mit Getriebe; Wärtsilä / 32580 kW (44300 PSe) / 2 Schrauben / 21 kn / 2614 Passagiere / Besatzung: 264 / 450 PKW oder 60 LKW + 60 PKW

1989 6. November: Aufgeschwommen.
1990 2. April: Taufe.
18. November: Erste Reise im Fährdienst Helsinki–Stockholm.

MS Silja Symphony

Silja Line

Bauwerft: Masa-Yards, Turku; Baunr. 1309
58000 BRZ / 203,0 m Länge ü.a. / 31,5 m Breite / Vier 9-Zyl.-Diesel mit Getriebe; Wärtsilä / 32500 kW (44200 PSe) / 2 Schrauben / 21 kn / 2600 Passagiere / Besatzung: 264 / 450 PKW oder 60 LKW + 60 PKW

1990 15. November: Aufschwimmen im Baudock.
1991 Ablieferung.

MS *Horizon*

Chandris SA, Monrovia

Bauwerft: Jos. L. Meyer GmbH & Co, Papenburg; Baunr. 619
46811 BRZ / 5500 tdw / 207,6 m Länge ü.a. / 29,0 m Breite / Zwei 9-Zyl.- und zwei 6-Zyl.-Diesel mit Getriebe; MAN-B & W / 19980 kW (27200 PSe) / 2 Schrauben / 22 kn / 1798 Passagiere / Besatzung: 642

1989 19. November: Aufschwimmen im Baudock.
1990 11. April: Taufe auf den Namen ***Horizon***.
17. April: Abschließende Probefahrt.
30. April: Ablieferung. Für Fantasia Cruising Inc, Monrovia registriert.
Bermuda- und Karibik-Kreuzfahrten.

MS *Sabrina*

Nippon Yusen Kaisha & Kinkai Yusen KK

Bauwerft: Kanda Zosen, Kawajiri; Baunr. 330
12521 BRT / 6281 tdw / 186,5 m Länge ü.a. / 24,8 m Breite / Zwei 9-Zyl.-Diesel mit Getriebe; Pielstick / 23830 kW (32400 PSe) / 2 Schrauben / 23,5 kn / 64 Passagiere + 630 Deck / Besatzung: 53 / 140 PKW, 170 LKW

1989 13 Dezember: Stapellauf.
1990 Mai: Ablieferung.
Einsatz im Fährdienst Tokio–Kushiro.

MS *Blue Zephyr*

Nippon Yusen Kaisha & Kinkai Yusen Kaisha

Bauwerft: Kanda Zosen, Kawajiri; Baunr. 331
12500 BRT / 5800 tdw / 186,5 m Länge ü.a. / 24,8 m Breite / Zwei 9-Zyl.-Diesel mit Getriebe; Pielstick / 23830 kW (32400 PSe) / 2 Schrauben / 23 kn / 694 Passagiere / Besatzung: 53 / 140 PKW, 170 LKW

1990 27. März: Stapellauf.
Tokio–Kushiro-Dienst.

Das Luxusangebot von Fährschiffen wie der *Silja Serenade* kann man in den wenigen Stunden der Überfahrt schwerlich auskosten. (Foto: Silja Line)

Bild oben:
Das verbreitete Vorurteil, moderne Schiffe sähen alle gleich langweilig aus, muß man angesichts von Schiffen wie der *Horizon* wohl aufgeben. (Foto: Peter Voß)

Bild Mitte:
Fährschiff *Blue Zephir*. (Ships of the World)

Bild unten:
Das Schwesterschiff der *Blue Zephir*, die *Sabrina*. (Ships of the World)

MS *Translubeca*

Poseidon Schiffahrt OHG, Lübeck

Bauwerft: Stocznia Gdanska im. Lenina, Danzig; Baunr. B 498/1
24 727 BRZ / 8 850 tdw / 157,6 m Länge ü.a. / 25,3 m Breite / Zwei Diesel; Wärtsilä-Sulzer / 14 400 kW (19 580 PSe) / 2 Schrauben / 20 kn / 84 Passagiere / Besatzung: 21

1990 12. Januar: Stapellauf.
1. Dezember: Ablieferung.
Einsatz im Fährdienst Lübeck–Finnland.
1991 14. Januar: Offizielle Taufe in Lübeck.

MS *Orient Venus*

Nippon Cruise Kyakusen KK (Venus Cruises), Osaka

Bauwerft: Ishikawajima-Harima Heavy Industries, Tokio; Baunr. 2987
21 906 BRT / 175,0 m Länge ü.a. / 24,0 m Breite / Zwei Diesel; Pielstick / 13 650 kW (18 540 PSe) / 2 Schrauben / 21 kn / 626 Passagiere / Besatzung: 120

1990 26. Januar: Stapellauf.
8. Juli: Fertigstellung.
Kreuzfahrten ab Japan.

MS *Nippon Maru*

Mitsui O.S.K. Passenger Line

Bauwerft: Mitsubishi Heavy Industries, Kobe; Baunr. 1188
21 903 BRT / 166,4 m Länge ü.a. / 24,0 m Breite / Zwei 8-Zyl.-Diesel; Mitsubishi / 15 374 kW (20 900 PSe) / 2 Schrauben / 20 kn / 607 Passagiere

1990 8. März: Stapellauf.
22. September: Ablieferung.
Kreuzfahrten in Ostasien.

MS *Stena Fantasia*

Sealink Stena Line, Nassau
ex ***Fantasia*** – 1991; ex ***Fiesta*** – 1990;

Bauwerft: Kockums Varv, Malmö; Baunr. 569
25 122 BRZ / 10 500 tdw / 166,0 m Länge ü.a. / 23,0 m Breite / Zwei 7-Zyl.-Diesel; Sulzer-Bauwerft / 13 019 kW (17 700 PSe) / 2 Schrauben / 21 kn / 1 800 Passagiere an Deck, 650 PKW

1979 1. Dezember: Stapellauf als RoRo-Frachter ***Scandinavia***.
1980 17. März: Ablieferung an die Rederi AB Nordö, Malmö. 8 920 BRT.
1982 An SO Mejdunaroden Automobilen Transport (SOMAT), Bourgas, verkauft, umbenannt ***Tzarevetz***.
1988 Oktober: An Sealink British Ferries UK Ltd verkauft. Umbenannt ***Fiesta***.
1989 29. Juni: Ankunft in Bremerhaven, wo das Schiff bei der Lloyd-Werft zur Passagierfähre umgebaut wird.
1990 Februar: Umbenannt ***Fantasia***.
26. Februar: Rücklieferung.
28,0 m Breite einschließlich seitlicher Auftriebskörper.
17. März: Aufnahme des Fährdienstes Dover–Calais.
31. Mai: Übernahme von Sealink British Ferries UK Ltd durch die Stena Line. Die Reederei firmiert jetzt als Sealink Stena Line.
1991 Umbenannt in ***Stena Fantasia***.

Die *Translubeca* in Travemünde. (Foto: Dirk Jankowsky)

Die *Orient Venus* gehört zur schnell wachsenden japanischen Cruise-Liner-Flotte. (Foto: Yoshitatsu Fukawa)

Das neueste Kreuzfahrtschiff von Mitsui-OSK, die *Nippon Maru*. (Foto: Yoshitatsu Fukawa)

MS ***Fiesta***

Société Noveau Armament Transmanche (SNAT), Calais

ex ***Fantasia*** – 1990

Bauwerft: Kockums Varv, Malmö; Baunr. 568
25 122 BRT / 10 500 tdw / 166,0 m Länge ü.a. / 23,0 m Breite / Zwei 7-Zyl.-Diesel; Sulzer-Sumitomo / 13 027 kW (17 710 PSe) / 2 Schrauben / 21 kn / 1 800 Passagiere an Deck, 650 PKW

1979 13. Oktober: Stapellauf als RoRo-Frachter ***Ariadne***.
1980 Ablieferung an die Rederi AB Nordö, Malmö.
1982 In ***Soca*** umbenannt.
1982 An SO Mejdunaroden Automobilen Transport (SOMAT), Bourgas, verkauft, umbenannt ***Trapezitza***.
1988 Oktober: An Sealink British Ferries UK Ltd verkauft. Einsatz als Frachtfähre ***Channel Seaway*** im Englischen Kanal.
1989 17. Oktober: Ankunft auf der Lloydwerft in Bremerhaven, wo das Schiff zur Passagierfähre umgebaut wird.
1990 Januar: An Société Noveau Armament Transmanche (SNAT), Calais, verkauft, in ***Fiesta*** umbenannt.
8. Mai: Rücklieferung. 28,0 m Breite einschließlich seitlicher Auftriebskörper.
19. Mai: Aufnahme des Fährdienstes Dover–Calais.

Bild Mitte:
Die *Fantasia* erhielt inzwischen den Namensvorsatz *Stena*. (Foto: Frank Heine)

Bild unten:
Nach dem Umbau verläßt die *Fiesta* die Lloyd Werft in Bremerhaven.
(Foto: Peter Voß)

MS *Hermes*

Higashi Nippon Ferry Co Ltd, Iwanai

Bauwerft: Mitsubishi Heavy Industries, Shimonoseki; Baunr. 937
13384 BRZ / 6987 tdw / 192,0 m Länge ü.a. / 27,0 m Breite / Zwei 12-Zyl.-Diesel mit Getriebe; Nippon-Pielstick / 26850 kW (36500 PSe)

1990 29. März: Stapellauf.
11. Juli: Ablieferung.

MS *Nicobari*

Shipping Corporation of India

Bauwerft: Stocznia Szczecinska im A. Warskiego, Stettin; Baunr. 56101
13500 BRT / 1200 Passagiere

1990 12. April: Stapellauf.

Monte D'Oro

Société Nationale Maritime Corse Mediterranée (SNCM)

Bauwerft: Ateliers & Chantiers du Havre; Baunr. 280
25000 BRT / 134,6 m Länge ü.a. / 25,7 m Breite / Vier 12-Zyl.-Diesel mit Getriebe; Wärtsilä / 14800 kW (20122 PSe) / 2 Schrauben / 18 kn / 514 Passagiere

1990 21. August: Stapellauf.
1991 Mai: Ablieferung.

MS *Costa Marina*

Costa Crociere SpA
ex ***Italia*** – 1988; ex ***Regent Sun*** – 1986

Bauwerft: OY Wärtsilä, Turku; Baunr. 1169
25441 BRZ / 14936 tdw / 174,2 m Länge ü.a. / 25,8 m Breite / Zwei 12-Zyl.- und zwei 16-Zyl.-Diesel mit Getriebe; Pielstick / 19154 kW (26040 PSe) / 2 Schrauben / 1025 Passagiere / Besatzung: 230

1969 16. Januar: Stapellauf als Containerschiff ***Axel Johnson*** für die Johnson Line, Stockholm.
1986 An Universal Glow Inc, Piräus, verkauft. Umbenannt ***Regent Sun***, Zypern-Flagge. Umbau zum Kreuzfahrtschiff für Regency Cruises vorgesehen.
3. Juni: Ankunft in Piräus.
15. Oktober: Ankunft in Genua.
Beginn des Umbaus zum Kreuzfahrtschiff auf der Mariotti-Werft.
Ursprünglich geplanter Name nach dem Umbau ***Sea Venture***.
1988: An Navyclub Italia Srl, Neapel, weiterverkauft. Umbenannt ***Italia***.
Herbst: Von Costa Crociere SpA bereedert.
1990 Umbenannt ***Costa Marina***.
1026 Passagiere. Besatzung: 374.
9. September: Erste Mittelmeerkreuzfahrt ab Genua.
Kreuzfahrten im Mittelmeer und in der Karibik.

MS *Monarch of the Seas*

Royal Caribbean Cruise Line (Royal Admiral)

Bauwerft: Chantiers de l'Atlantique, St.Nazaire
70000 BRZ / 7000 tdw / 268,3 m Länge ü.a. / 32,2 m Breite / Vier 9-Zyl.-Diesel mit Getriebe; Pielstick-Alsthom-Atlantique / 20000 kW (27000 PSe) / 2 Schrauben / 21 kn / 2300 Passagiere / Besatzung: 750

1990 21. September: Stapellauf.
1990 3. Dezember: 17 Tage vor der geplanten Probefahrt vernichtet ein durch Schweißarbeiten verursachter Großbrand weite Teile des Schiffes, wodurch sich der Ablieferungstermin um ein halbes Jahr verzögert.

MS *Ishikari*

Taiheiyo Ferry

Bauwerft: Mitsubishi Heavy Industries, Kobe
14600 BRT / 192,5 m Länge ü.a. / 27 m Breite / Zwei 14-Zyl.-Diesel; Mitsubishi-MAN / 2 Schrauben / 21,5 kn / 854 Passagiere / 151 PKW, 1980 LKW-Meter

1990 8. November: Stapellauf.
1991 März: Ablieferung.
25. März: Erste Reise im Fährdienst Nagoya–Sendai–Tomakomai.

Die *Hermes* auf ihrer ersten Reise. (Sammlung Y. Fukawa)

Die *Costa Marina* entstand aus dem Containerschiff *Axel Johnson*. (Foto: Antonio Scrimali)

Bild oben:
Monarch of the Seas an der Werft.
(Foto: Bauwerft)

Bild Mitte:
Fährschiff *Ishikari*. (Mitsubishi)

Neubau

Sea-Link Trading A/B (EuroWay)

Bauwerft: Brodogradiliste, Split; Baunr. 372
29 000 BRZ / 168 m Länge ü.a. / 28 m Breite / Vier Diesel mit Getriebe; Pielstick / 2 Schrauben / 21,5 kn / 2 100 Passagiere / 300 PKW

1991 24. Januar: Stapellauf ohne Taufe.
1991 Oktober: Geplante Ablieferung. Malmö–Lübeck-Dienst.

Zwei solche Schiffe läßt Euroway in Jugoslawien bauen. (Euroway)

Noch nicht fertiggestellte Neu- und Umbauten, für die bereits Namen feststehen

Alle hier angegebenen Daten sind vorläufig bzw. geschätzt. Das gilt auch für die bereits vom Stapel gelaufenen, aber noch nicht abgelieferten Neubauten auf den vorhergehenden Seiten.

Modell der *Asuka*. (Sammlung Y. Fukawa)

MS ***Asuka***
Nippon Yusen Kaisha
Bauwerft: Mitsubishi Heavy Industries, Nagasaki
27 000 BRT / 192,5 m Länge ü.a. / 24,7 m Breite / Zwei 7-Zyl.-Diesel; MAN-B&W Mitsubishi; 17 200 kW (23 400 PSe) / 2 Schrauben / 21 kn / 584 (max 604) Passagiere / Besatzung: 243
1991 6. April: Stapellauf.
Oktober: Ablieferung.

MS ***Costa Allegra***
Costa Crociere
ex ***Alexandra*** – 1991; ex ***Regent Moon*** – 1989
Bauwerft: OY Wärtsilä AB, Turku;
Baunr. 1170
25 000 BRZ / 7 391 tdw / 174,4 m Länge ü.a. / 25,4 m Breite / Zwei 12-Zyl.- und zwei 16-Zyl.-Diesel mit Getriebe; Pielstick-Wärtsilä / 19 154 kW (26 000 PSe) / 2 Schrauben / 23 kn
1969 29. April: Stapellauf als Containerschiff ***Annie Johnson***.
1969 Ablieferung an Johnson Line, Stockholm.
1986 An Peleus Marine Co verkauft, umbenannt ***Regent Moon***.
Umbau zum Kreuzfahrtschiff für Regency Cruises geplant.
1989 An Cia Nav Panalexandra SA, Panama, umbenannt ***Alexandra***.
1990 4. September: Ankunft bei der Mariotti Werft in Genua.
Umbau zum Kreuzfahrtschiff für Costa Crociere.
1992 Ablieferung als ***Costa Allegra***, nach anderer Quelle als ***Costa Azzurra***.
Karibik-Kreuzfahrten.

In Monfalcone geht die *Costa Classica* ihrer Vollendung entgegen. (Foto: Fincantieri)

MS ***Costa Classica***
Costa Crociere
Bauwerft: Fincantieri; Baunr. 5877
50 000 BRZ
1991 Ablieferung.

MS ***Costa Romantica***
Costa Crociere
Bauwerft: Fincantieri
50 000 BRZ
1993 Ablieferung.

MS ***Her Majesty M***
Marlines, Piräus
Bauwerft: Cockatoo Island Dockyard, Sydney
15 500 BRT
1966 7. Oktober: Stapellauf als ***Stalwart***.
1968 9. Februar: Indienststellung als Zerstörer-Begleitschiff der Australischen Marine.
1990 an den griechischen Reeder Panagiotis Marangopoulos verkauft, der das Schiff in ***Her Majesty M*** umbenennt und nach Perama überführt, wo es bis 1992 zum Kreuzfahrtschiff umgebaut werden soll.

MS ***Laurana***
Adriatica di Nav SpA
Bauwerft: Ficantieri
10 000 BRZ / 122 m Länge ü.a. / 1 100 Passagiere
Fertigstellung 1991.

MS ***Majesty of the Seas***
Royal Caribbean Cruise Line (Royal Admiral)
Bauwerft: Chantiers de l'Atlantique, St.Nazaire
70 000 BRZ
1991/92 Ablieferung.

Her Majesty M wartet in Piräus auf den Umbau zum Kreuzfahrtschiff. (Foto: L. W. C. Lamers)

Die *Prins Filip* kurz vor dem Ausdocken. (Foto: Mike Louagie)

MS ***New Akashi*** und ***New Nagato***
Hankyu Ferry
Bauwerft: Kanda
15 000 BRT / 185,5 m Länge ü.a. / 1 066 Passagiere / Fertigstellung 1991.

MS ***Normandie***
Brittany Ferries
Bauwerft: Masa-Yards Inc, Turku
27 000 BRZ / 4 225 tdw / 161,4 m Länge ü.a. / 26 m Breite / 17 600 kW / 21 kn / 2 120 Passagiere / 310 PKW + 60 LKW
1992 Frühjahr: Ablieferung.
Caen–Portsmouth-Fährdienst.

MS ***Prins Filip***
Ostend–Dover Line, Ostende
1991 Die Reederei Regie des Transports Maritimes firmiert jetzt als Ostende–Dover Line.
1. März: Aufgeschwommen.
Juni: Ablieferung als ***Prins Filip***. Ursprünglich war der Name ***Koning Boudewijn*** vorgesehen.
Fährdienst Dover–Ostende.

MS ***Radisson Diamond***
Diamond Cruise Ltd, Helsinki
Bauwerft: Rauma Yards OY, Rauma; Baunr. 310
18 400 BRZ / 1 300 tdw / 129 m Länge ü.a. / 32 m Breite / 2 Schrauben / 12,5 kn / 354 Passagiere / Besatzung: 177
1992 Frühjahr: Ablieferung.
Karibik-Kreuzfahrten.

MS ***Radisson Ruby***
Diamond Cruise Ltd, Helsinki (Option)
1993 Ablieferung.

MS ***Radisson Sapphire***
Diamond Cruise Ltd, Helsinki (Option)
1994 Ablieferung

EMS ***Regal Princess***
P & O Cruises
Bauwerft: Fincantieri, Monfalcone; Baunr. 5840
71 800 BRZ / 245,0 m Länge ü.a. / 32,3 m Breite / Vier Diesel mit elektrischer Kraftübertragung; MAN-B&W / 24 000 kW (32 600 PSe) / 2 Schrauben / 19,5 kn / 1 950 Passagiere
1991 August: Ablieferung.

MS ***Regent Sky***
Regency Cruises
Bei diesem Schiff handelt es sich um den 1979 unter der Baunr. 494/04 bei der Stocznia im Komuny Paryskiej, Gdynia, bestellten vierten Neubau für die Stena Line, Göteborg, für den ursprünglich der Name ***Stena Polonica*** vorgesehen war. Der Auftrag wurde 1986 von Stena storniert.
1990 Die bis jetzt fertiggestellten Teile des Rumpfes und Ausrüstungsgegenstände werden zum Weiterbau zur Avlis-Werft nach Griechenland überführt.

MS ***Statendam***
MS ***Stellendam***
Neubau
Holland-America Line
Bauwerft: Fincantieri
50 000 BRZ / 1 250 Passagiere
Lieferung Herbst 1992/93/94

MS ***Vega***
Higashi Nippon Ferry Co Ltd, Iwanai
Bauwerft: Mitsubishi Heavy Industries, Shimonoseki;
13 384 BRZ / 6 987 tdw / 192,0 m Länge ü.a. / 27,0 m Breite / Zwei 12-Zyl.-Diesel mit Getriebe; Pielstick / 26 850 kW (36 500 PSe)
1991 Fertigstellung.

MS ***Vivamar***
Hoteles Marinos SA
Bauwerft: Astilleros Españoles, Sevilla
14 000 BRT / 16 000 PSe / 18 kn
1992 Ablieferung.

MS ***Zenith***
Chandris Celebrity Cruises
Bauwerft: Jos. L. Meyer GmbH & Co, Papenburg; Baunr. 620
45 000 BRT / 208,0 m Länge ü.a. / 29,0 m Breite / Zwei 9-Zyl.und zwei 6-Zyl.-Diesel; MAN-B&W / 19 960 kW (27 100 PSe) / 2 Schrauben / 18 kn / 1 400 Passagiere
1992 Ablieferung.

Anhang 1

Anhang 1 hält die Lebensläufe der ehemaligen Passagierschiffe auf dem laufenden, die heute als Frachtschiffe oder im Marinedienst fahren.
Angegeben sind alle Veränderungen seit 1974 bzw. der gegenwärtige Stand. Die Ziffernkombination(en) hinter dem Schiffsnamen weisen auf einen früheren Band (bzw. Ausgabe) dieses Werkes und die Seitenzahl hin, wo der Lebenslauf des betreffenden Schiffes zu finden ist. V/124 bedeutet als Band V, Seite 124. Die Ausgaben von 1983 und 1987 sind als Band VI bzw. VII bezeichnet.

Admiral C.F. Hughes IV/128
1968 als ***General Edwin D. Patrick*** aufgelegt.

Admiral E.W. Eberle IV/126
1970 24. März: An die Maritime Administration übergeben und als ***General E.W. Eberle*** im James River aufgelegt.

Admiral H.T. Mayo IV/128
1970 16. April: An die Maritime Administration übergeben und als ***General Nelson M. Walker*** im James River aufgelegt.

Admiral Hugh Rodman IV/130
1970 8. Juni: An die Maritime Administration übergeben und als ***General Maurice Rose*** im James River aufgelegt.

Admiral R.E. Coontz IV/126
1970 26. Mai: An die Maritime Administration übergeben und als ***General Alexander M. Patch*** im James River aufgelegt.

Admiral W.L. Capps IV/124
1968 Als ***Genral Hugh J. Gaffey*** aufgelegt.
1978 November: Als Wohnschiff ***IX 507*** in Dienst.

Admiral W.S. Sims IV/130
1970 30. Juni: An die Maritime Administration übergeben und als ***General William O'Darby*** im James River aufgelegt.
1982 Als Wohnschiff ***IX 510*** in Dienst.

General A.E. Anderson IV/114
1958 11.Dezember: Aus der US-Navy-Liste gestrichen.
Noch aufgelegt.

General C.H. Muir IV/108
1975 Als ***San Juan*** an die Puerto Rico Maritime Shipping Authority, San Juan.

General Harry Tailor IV/98
1983 8. Februar: Als ***General Hoyt S. Vandenberg*** von der Maritime Administration im James River, Virginia, aufgelegt.
1987 In Jane's Fighting Ships gestrichen.

General John Pope IV/114
1969 Von der US Maritime Administration in der Suisun Bay aufgelegt.

General Mangin V/70
1977 Als ***Hizbul Bahr*** an die Bangladesh Shipping Corp, Chittagong.
11 684 BRT. Chittagong–Dubai-Dienst.
1980 11.Dezember: Letzte Ankunft in Chittagong.
1981 An die Marine von Bangladesh. Umbenannt in ***Shaheed Salahuddin***.

General R.E. Callan IV/102
Als ***General H.H. Arnold*** 1981 zuletzt in Jane's Fighting Ships verzeichnet.

General W.H. Gordon IV/118
1970 23. April: An die Maritime Administration übergeben. Im James River aufgelegt.

General William Weigel IV/122
1968 Von der US Maritime Administration in der Suisun Bay aufgelegt.

Marine Flasher IV/134
1975 An Reynolds Leasing Corporation verkauft.
Als ***Long Beach*** in Fahrt.

Michelangelo V/142 VI/130
1977 21. Juli: In Bandar Abbas an die Iranische Marine übergeben; als Wohnschiff eingesetzt.
1986 September: Ab Fujeirah zum Abwracken nach Taiwan.

Ohrmazd V/158
Als Frachter in Fahrt.

San Lorenzo V/40
Als Tanker in Fahrt.

Anhang 2

Alle hier angegebenen Daten sind vorläufig bzw. geschätzt. Das gilt auch für die bereits vom Stapel gelaufenen, aber noch nicht abgelieferten Neubauten auf den vorhergehenden Seiten.

Admiral W.S. Benson IV/124, VII/144
1987 An C.J.W. Shipping & Trading Co verkauft.
1987 Nach Taiwan zum Abwracken.

Bloemfontein Castle siehe ***Mediterranean Star***

General A.W. Brewster IV/110, VII/144
1988 8. April: Ankunft zum Abwracken in Kaohsiung.

General J.C. Breckinridge IV/122, VII/144
1987 14. Dezember: Abwrackbeginn bei Shiong Yek Steel Corp in Kaohsiung.

General J.H. Mcrae IV/102, IV/128, VII/152
1987 5. Juli: Abwrackbeginn in Kaohsiung.

General M.B. Stewart IV/106, VII/144
1987 Zum Abwracken nach Taiwan.

General M.M. Patrick IV/104, VI/138
1988 30. März: Ankunft zum Abwracken in Kaohsiung. (Der Abwracktermin 1975 wurde irrtümlich gemeldet.)

General W.A. Mann IV/116, VII/146
1987 September: Ankunft zum Abwracken in Kaohsiung.

General William Mitchel IV/116, VII/146
1987 14. Dezember: Abwrackbeginn bei Chi Shun Hua Steel Co Ltd, Kaohsiung.

Karanja siehe ***Nancowry***

Lavia VII/12
1989 7. Januar: Bei Renovierungsarbeiten bricht an Bord des Schiffes ein Brand aus, der von der Besatzung nicht unter Kontrolle gebracht werden kann. Die ***Lavia*** wird aus dem Hafen geschleppt und auf einer Sandbank abgesetzt.
1989 19. Juni: Ankunft zum Abwracken in Kaohsiung.

Marine Adder IV/140, VII/146
1988 30. Mai: Ankunft zum Abwracken in Kaohsiung.

Marine Cardinal IV/132, VII 146
1988 April: Als ***San Pedro*** zum Abwracken nach Kaohsiung.

Marine Falcon IV/134, VII/146
1989 Abbruch in Beihei.

Marine Jumper IV/134, VII/146
1987 Zum Abwracken nach Taiwan.

Marine Lynx IV/138, VII/146
1985 23. August: In San Franzisko aufgelegt.
1988 18. August: Ankunft zum Abwracken in Kaohsiung.

Marine Serpent IV/136, VII/146
1988 6. April: Ankunft zum Abwracken in Kaohsiung.

Marine Tiger IV/132, VII/146
1987 Zum Abwracken.

Mediterranean Star VII/14
1987 August: Unter dem Namen ***Terra*** nach Pakistan zum Abwracken geschleppt.

Nancowry VII/14
1988 November: Ankunft zum Abwracken in Bombay.

Pretoria IV/22, VII 146
1987 als ***Tanjung Pandan*** abgewrackt

MS ***Regent Sky*** VII/138
Der vorgesehene Umbau zum Kreuzfahrtschiff wurde nicht realisiert.
1987 5. Dezember: Ankunft zum Abwracken in Aliaga, Türkei.

Santa Magdalena VII/50
1988 27. Februar: Ankunft zum Abwracken in Kaohsiung.

Santa Maria VII/52
1988 Februar: Schleppreise nach Taiwan zum Verschrotten.
7. April: Ankunft in Kaohsiung.

Santa Mariana VII/52
1988 7. März: Ankunft zum Abwracken in Kaohsiung.

MS ***Sally Albatross*** VI/105, VII/104
1988 6. Januar: Ankunft in Bremerhaven, wo das Schiff auf der Seebeckwerft zum Kreuzfahrtschiff umgebaut wird.
16. Februar: Rücklieferung.
1989 Für P/R Sally Albatross registriert.
1990 9. Januar: Während der jährlichen Werftüberholung im Dock der Finnboda-Werft in Stockholm bricht ein Feuer aus, das die Passagiereinrichtung weitgehend vernichtet und die ***Sally Albatross*** praktisch zum Totalverlust macht.
Juni: Schleppreise von Stockholm nach Mäntyluoto, wo der gesamte Aufbau verschrottet wird.
Oktober: Zerlegung des Rumpfes in Naantali. Teile des Doppelbodens und die Maschinenanlage werden in einem von Sally bestellten Neubau wiederverwendet.

MS ***Mikhail Sholokhov*** VII/130
Das Schiff war offiziell immer nur mit 9885 BRT vermessen.

Die *Sally Albatross* 1988 nach dem Umbau zum Kreuzfahrtschiff. (Foto: Peter Voß)

Die ausgebrannte *Sally Albatross* in Stockholm. (Foto: Dirk Jankowsky)

Aufgelegte P2-Truppentransporter im James River. (Foto: Sammlung Weirauch)

Die Reedereien und ihre Schiffe

Adriatica di Navigazione SpA, Venedig

Palladio	1988	10 977
Sansovino	1989	10 977
Neubau Laurana	1991	10 000

American Hawai Cruises, Honolulu

Constitution	1951	20 199
Independence	1951	20 221

Anonymos Naftiliaki Etaireia Kritis AE, Chania

Kydon II	1984	26 000
Lato	1975	12 789
Lissos	1972	13 407

Aphrodite Cruises Ltd, Piräus

Atalante	1953	13 113

Ausonia Crociere SpA, Genua

Ausonia	1957	12 609

Baltic Shipping Co, Leningrad

Ilyich	1973	12 281

Bilinder Marine (J.S.Latsis), Athen

Margarita L	1960	25 697
Marianna VI	1951	14 083

Birka Line A/B, Mariehamn

Birka Princess	1986	21 484

Black Sea Shipping Co, Odessa

Azerbaydzhan	1975	13 252
Belorussiya	1975	13 251
Fedor Dostoevskiy	1987	20 606
Gruziya	1975	13 252
Ivan Franco	1964	20 064
Kareliya	1976	13 252
Kazakhstan	1976	13 252
Leonid Sobinov	1954	21 846
Maksim Gorkij	1969	24 981
Odessa	1974	13 758
Shota Rustaveli	1968	20 499
Taras Shevchenko	1965	20 027

Blue Highway Line, Tokio

Sun Flower Erimo	1989	11 272
Sun Flower Oarai	1987	15 139
Sun Flower Osaka	1973	13 321
Sun Flower Sapporo	1974	11 097
Sun Flower Satsuma	1974	13 575
Sun Flower Tosa	1973	12 572

Brittany Ferries, Roscoff

Bretagne	1989	25 015
Normandie	1992	27 000

Carnival Cruise Lines, Miami

Carnivale	1956	18 952
Celebration	1987	47 262
Ecstasy	1990	70 367
Fantasy	1989	70 367
Festivale	1961	26 632
Holiday	1985	46 052
Jubilee	1986	47 262
Mardi Gras	1961	18 261
Tropicale	1980	22 919

Chandris Gruppe, Piräus

Amerikanis	1952	12 795
Britanis	1932	15 412
Horizon	1990	46 811
Meridian	1963	30 440
Romanza	1939	7 538
The Azur	1971	8 936
The Victoria	1936	11 541
Neubau Zenith	1992	45 000

China Ocean Shipping Co, Peking

Jin Jiang	1953	14 812
Hai Hua	1972	13 303
Hai Xing	1958	12 191
Ming Hua	1962	14 224
Shanghai	1957	13 333
Ziluolan	1962	12 470

Cie Marocaine de Navigation (COMANAV), Casablanca

Marrakech	1986	11 515

Color Line, Oslo

Christian IV	1982	15 064
Jupiter	1973	11 675
Kronprins Harald	1987	31 914
Prinsesse Ragnhild	1981	17 375
Venus	1974	13 289

Commodore Cruise Line Ltd, Miami

Caribe I	1953	14 533
Enchanted Isle	1958	14 208
Enchanted Seas	1958	13 680
Neubau	1993	19 000
Neubau	1993	19 000

Coral Cruise Line, New York

Pacific Sun	1958	11 353

Corsica Ferries (Italia) SrL, Leghorn

Corsica Regina	1972	
Corsica Victoria	1973	

Costa Crociere SpA, Genua

Carla Costa	1952	19 942
Costa Marina	1969	25 441
Costa Riviera	1963	30 325
Danae	1955	9 603
Daphne	1955	9 436
Enrico Costa	1951	16 495
Eugenio Costa	1966	30 567
Neubau Costa Classica		1991
Neubau Costa Romantica		1993
Umbau Costa Allegra	1992	25 000

Cie Tunisienne de Navigation SA (COTUNAV), Tunis

Habib	1978	11 179

Crown Cruise Line, Palm Beach

Crown del Mar	1966	9 725
Crown Monarch	1990	15 271

Cunard Line Ltd, London

Cunard Countess	1975	17 593
Cunard Princess	1975	17 496
Queen Elizabeth	1969	66 450
Sagafjord	1965	24 474
Vistafjord	1973	24 116

Daiichi Shipping Co, Cebu City

Filipina Princess	1973	11 295

Danske Statsbaner, Kopenhagen

Dronning Ingrid	1980	10 607
Kronprins Frederik	1981	10 606
Prins Joachim	1980	10 607

Deutsche Bundesbahn, Hamburg

Karl Carstens	1986	12 829

Deutsche Reichsbahn

Sassnitz	1989	20 276

Deutsche Seereederei GmbH, Rostock

Arkona	1981	18 591

DFDS A/S, Kopenhagen

Dana Anglia	1977	14 399
Hamburg	1976	12 752
King of Scandinavia	1975	20 581
Prince of Scandinavia	1975	14 905
Princess of Scandinavia	1976	14 983
Queen of Scandinavia	1981	25 940

Diamond Cruises

Radisson Diamond	1992	18 400
Radisson Ruby	1993	18 400
Radisson Sapphere	1994	18 400

Dolphin (Hellas) Shipping SA, Panama

Seawind Crown	1973	11 563
Dolphin IV	1956	6 695

Entreprise Nationale de Transport Maritime des Voyageurs (ENTMV), Algier

Tassili	1971	10 233
El Djazair	1971	12 124

Epirotiki Lines SA, Piräus

Oceanos	1953	7 554
Pegasus	1975	12 576
Pride of Mississippi	1951	9 114
World Renaissance	1966	8 665

Estonian Shipping Co, Tallinn

Georg Ots	1980	11 496

Eurosun Ltd, Hamilton

Orient Express/Eurosun	1975	12 343

Far Eastern Shipping Co, Wladiwostok

Aleksandr Pushkin	1965	20 502
Fedor Shalyapin	1955	21 406
Russ	1986	12 798

Festival Shipping & Tourist Enterprises, Panama

Sun Ambassador	1957	6 193

Florida Nautica, Miami

Seabreeze I	1958	20 416

General National Maritime Transport Co, Tripolis

Garnata	1975	6 626
Toletela	1974	6 634

Grimaldi Gruppe, Genua

Repubblica di Amalfi	1989	35 750
Repubblica di Genova	1988	35 638
Repubblica di Pisa	1987	39 294
Repubblica di Venezia	1987	39 701

Hankyu Ferry KK, Shimonoseki

New Harima	1988	12 589
New Miyako	1984	11 914
New Seto	1988	12 589
New Yamato	1983	11 919
Neubau New Akashi	1991	15 000
Neubau New Nagato	1991	15 000

Hapag-Lloyd AG, Hamburg

Europa	1981	37 012

Higashi Nippon Ferry Co, Hakodate

Hermes	1990	13 384
Varuna	1987	16 725
Vega	1991	13 384
Victory	1989	17 113

Holland America Line Inc, Seattle

Nieuw Amsterdam	1983	33 930
Noordam	1984	33 930
Rotterdam	1959	38 644
Westerdam	1986	53 872
Neubau Statendam	1992	50 000
Neubau Stellendam	1993	50 000
Neubau	1994	50 000

Hoteles Marinos

Neubau Vivamar	1992	14 000

Indonesische Regierung, Djakarta

Kambuna	1984	13 921
Kananga	1973	13 481
Kerinci	1983	13 954
Rinjani	1984	13 860
Tidar	1988	13 888
Umsini	1985	13 853

Intercruise Ltd, Piräus

La Palma	1952	8 619

Irish Ferries, Dublin

Saint Killian II	1973	10 256

Island Navigation Corp, Hongkong

Universe	1953	13 950

Ivarans Rederi A/S, Oslo

Americana	1987	19 203

Japan Cruise Line, Otaru

New Utopia	1975	11 106

Karageorgis Lines Corp, Piräus

Mediterranean Sea	1952	13 692
Mediterranean Sky	1953	14 941

Kavounides Shipping Co, Piräus

Constellation	1962	7 952

Kloster Cruise Ltd, Coral Gables, Fl.

Norway	1961	76 049
Royal Viking Sea	1973	28 018
Royal Viking Sky	1973	28 078
Royal Viking Sun	1988	37 845
Seaward	1988	42 276
Skyward	1969	16 254
Southward	1971	16 607
Starward	1968	12 949
Sunward II	1971	14 110
Westward	1972	28 492
Neubau	1993	40 000
Neubau	1992	40 000

Kurushima Kosan Co, Onishi

Sun Flower	1972	12 130
Sun Flower 2	1972	12 111

Larvik Line A/S, Larvik

Peter Wessel	1981	29 706

Main Fortune Ltd, Hongkong

Orient Princess	1967	6 266

Marine Atlantic Inc, Saint John

Abegweit	1983	13 482
Caribou	1986	27 213
John Hamilton Gray	1968	11 259
Joseph and Clara Smallwood	1990	27 229
Princess of Acadia	1971	10 051
Sir Robert Bond	1975	11 197

Marine Trading AB, Halmstad

Scotia Prince	1972	11 968

Marlines

Umbau Her Majesty M	1966	15 500

Mitsui O.S.K. Lines Ltd, Tokio

Fuji Maru	1988	23 340
Nippon Maru	1990	21 903
Shin Sakura Maru	1972	17 389

Nippon Yusen Kaisha und Kinkai Yusen Kaisha

Blue Zephyr	1990	12 500
Sabrina	1990	12 521

Nippon Yusen Kaisha, Tokio

Asuka	1991	27 000
Crystal Harmony	1990	48 621

Nordö Link, Rederi A/B, Malmö

Hansa Link	1967	22 508

Nordström & Thulin A/B, Stockholm

Nord Estonia	1974	11 966
Graip	1978	18 779
Nord Gotlandia	1981	14 981

North Sea Ferries, Rozenburg

Norland	1974	26 290
Norsea	1987	31 785
Norstar	1974	26 919
Norsun	1987	31 598

Ocean Cruise Lines (UK) Ltd, London

Ocean Pearl	1967	12 475
Ocean Princess	1967	7 186

Olau Line (UK) Ltd & Co, Sheerness

Olau Britannia	1990	33 336
Olau Hollandia	1989	33 336

Olsen, Fred & Co, Oslo

Black Prince	1966	11 209
Braemar	1980	14 623

Ostend-Dover Line

Prins Filip	1991	15 600

P & O Lines Ltd, Southampton

Canberra	1961	44 807
Crown Princess	1990	70 000
Dawn Princess	1957	24 803
Fair Princess	1956	16 627
Fairstar	1957	21 619
Island Princess	1972	19 907
Pacific Princess	1971	20 636
Royal Princess	1984	44 348
Sea Princess	1966	27 670
Sky Princess	1984	43 692
Star Princess	1988	63 524
Neubau Regal Princess	1991	70 000

P&O European Ferries, Dover, Felixstove, Portsmouth

Baltic Ferry	1978	18 732
Nordic Ferry	1978	18 732
Pride of Calais	1987	26 433
Pride of Dover	1987	36 433
Pride of Hampshire	1975	14 760
Pride of Le Havre	1975	14 760
Pride of Sandwich	1972	12 503
Pride of Walmer	1973	12 503

Paquet Cruises, Paris

Mermoz	1957	13 804

Philippine President Lines Inc, Manila

Asian Princess	1952	27 028

Polish Ocean Lines, Gdynia

Jan Sniadecki	1987	14 417

Poseidon Schiffahrt OHG, Lübeck

Translubeca	1990	24 727

Premier Cruise Lines Ltd, Cape Canaveral

Starship Atlantic	1982	19 337
Starship Majestic	1972	17 503
Starship Oceanic	1965	19 500

Regency Cruises (Tony Travel & Agency Ltd), Piräus

Regent Sea	1957	15 294
Regent Star	1957	24 413
Regent Sun	1962	17 884

Royal Admiral Cruises

Azure Seas	1955	14776
Emerald Seas	1944	18927

Royal Caribbean Cruise Line, Miami

Majesty of the Seas	1992	70000
Monarch of the Seas	1991	70000
Nordic Empress	1990	48563
Nordic Prince	1971	23200
Song of America	1982	37584
Song of Norway	1970	23005
Sovereign of the Seas	1987	73192
Sun Viking	1972	18559
Viking Serenade	1981	26747

Royal Cruise Line

Crown Odyssey	1988	34242

Sado Kisen Kaisha, Niigata

Osado Maru	1988	10811

Sally Line

Neubau	1993	12000
Neubau	1993	12000
Neubau	1994	12000

Sally Line A/B Ltd, Ramsgate

Sally Sky	1976	14300

San Donato Properties Corp, Panama

Freewinds	1968	7056

Sanpo Kaiun KK, Imabari

White Sanpo 2	1981	10181

Scandinavian Ferry Lines AB, Helsingborg

Nils Dacke	1988	24745
Nils Holgersson	1987	31395

Scandinavian Ferry Lines, Helsingborg

Sea Wind	1972	15879

SCNM Ferryterranee

Corse	1983	12686
Danielle Casanova	1989	30985
Esterel	1981	12676
Ile de Beauté	1979	20564
Liberté	1980	10766
Napoléon	1976	14918
Neubau Monte D'Oro	1991	25000
Neubau	1991	

Sea Containers Ltd, London

Fedra	1974	12527

Sea-Link Trading A/B, Malmö

Neubau	1991	9000
Neubau	1991	9800

SeaEscape Ltd, Miami

Candi	1971	10513
Discovery I	1970	12244
Scandinavian Sun	1968	9908

Shin-Nipponkai Ferry Co, Osaka

Ferry Lilac	1984	19105
New Akashia	1988	19796
New Hamanasu	1987	17393
New Shirayuri	1987	17393
New Suzuran	1979	14306
New Yukari	1979	14299
Orient Venus	1991	21906

Shipping Corporation of India

Nicobari	1990	13500
Neubau	1993	13500

Silja Line, Helsinki

Finnjet	1977	24605
Silja Serenade	1990	58376
Silja Star	1980	15566
Svea	1985	33829
Wellamo	1986	33818
Neubau	1991	58000

Société Noveau Armament Transmanche (SNAT)

Champs Elysees	1984	15093
Fiesta	1980	25122
Nord Pas-de-Calais	1988	13727

Star Lauro SpA, Neapel

Achille Lauro	1947	23862
Monterey	1952	14799
Surriento	1948	11970

Statens Järnvägar, Trelleborg

Trelleborg	1982	10882

Stena Gruppe, Göteborg

Koningin Beatrix	1986	31189
Niels Klim	1986	19763
Pacific Star	1967	10034
Stefan	1952	11693
Stena Britannia	1981	26671
Stena Danica	1983	15899
Stena Fantasia	1980	25122
Stena Felicity	1980	15001
Stena Germanica	1987	26071
Stena Invicta	1986	19763
Stena Jütlandica	1983	15811
Stena Nordica	1979	10549
Stena Normandy	1983	14368
Stena Saga	1981	17423
Stena Scandinavica	1987	26088

Strintzis Lines SA, Piräus

Ionian Sea	1974	12888
Queen Vergina	1967	9934

Sun Line Greece, Piräus

Stella Solaris	1953	10595

Taiheiyo Ferry KK, Nagoya

Ishikari	1991	14600
Kiso	1987	13608
Kitakami	1989	13818

Tasmania Government, Devonport

Abel Tasman	1975	19212

Tirrenia di Navigazione SpA, Neapel

Arborea	1980	11324
Aurelia	1980	12523
Capo Carbonara	1981	12167
Caralis	1980	12167
Clodia	1979	12413
Domiziana	1979	12750
Emilia	1978	12750
Flaminia	1981	12413
Nomentana	1980	12750
Torres	1980	11346

Tony Travel & Agency, Piräus

City of Taranto	1953	10713
Empress	1965	8187

Trans World Cruises Inc, Panama

Vasco da Gama	1961	16063

TT Line GmbH & Co, Hamburg

Peter Pan	1986	31356
Robin Hood	1989	24728

Turkish Maritime Lines, Istanbul

Ankara	1983	10552
Iskenderun	1988	10550
Samsun	1985	10583

United States Cruises

United States	1952	38216

Vaasanlaivat OY, Vaasa

Fennia	1966	10515

Viking Line (Rederi A/B Slite), Nacka

Athena	1989	40012
Diana II	1979	11537
Kalypso	1990	40012
Olympia	1986	37583
Neubau	1992	50000

Viking Line (SF Line A/B), Mariehamn

Amorella	1988	34384
Cinderella	1989	46398
Isabella	1989	34384
Mariella	1985	37799
Rosella	1980	10757

Schiffsnamen-Register